筑的语言

中国建筑学会
建筑科普丛书

〔加〕
王其钧

著

了不起的中国民居

Great Chinese
Vernacular Dwellings

家的
记忆

机械工业出版社
CHINA MACHINE PRESS

前言 Perface

　　分布在中国各地的传统居住建筑是中国古代建筑中一种最基本的类型。居住建筑出现得最早，分布得最广，数量也最多。《礼记·王制》中将与宫殿建筑相对应的民间住宅称为"民居"，"民居"一词由于简洁，便在当代被人们广泛使用。民居研究工作者所称的民居，基本上是指不是由职业建筑师设计，而是由房屋的业主及聘用的工匠自行设计建造的住宅，也就是不是建筑师设计的建筑。但是也有例外，民居中的防御性住宅——开平碉楼就是由当时侨居海外的广东江门乡民请当地的建筑师设计的，尽管其历史仅百年，但是也被学者认定为是传统民居。

　　我们之所以对民居感兴趣并进行研究，就是想从使用者设计的角度来发现民居中存在的更多的设计智慧，以及中国人对于住宅文化的定义与创新。中国是一个幅员辽阔、民族众多的国家，各地区的自然环境和人文情况不同，各地民居自然显现出多样化的面貌。

　　民居文化的地域性形成有多方面的原因，其中包括各地多元的民众生活方式、生产内容、民族习惯、传统继承等因素，也包括南北方、东西部多样的自然环境和资源条件的差异。海洋文化、草原文化、中原文化、高原文化所彰显出来的巨大差异性，决定了民居区域文化形象标识的丰富多姿。不仅如此，各个地区建筑材料的获取与制约，更加扩大了民居的地域风采。中国民居反映出的成熟的营造思想和营造模式，都来源于客观环境下民众的集体主观意识和智慧创造。在几千年的历史进程中，中国传统住宅的根脉文化得以形成并固化。

　　在民居的调查中，我们发现，民居的平面布局、结构方法、造型和细部特征都是有其形成的原因，要么是法制所限、要么是传统束缚、要么是经济制约。在种种限制条件下，人们还是要在有利于生产、便利生活的前提下，把住宅设计得合理好用；同时，又把自己的理想、心愿、信仰反映到民居建筑的装饰之中。这些装饰的题材内容十分丰富，通过鹤、鹿、蝙蝠、喜鹊、梅、竹、百合、灵芝、"万"字纹、"回"纹形象与图案将寓意予以呈现。此外，还不忘自我教育、自我鞭策，将如何做人这个伦理观念体现在建筑的设计之中。

　　我的民居调查始于20世纪80年代，第一个目标是写一本简要介绍中国民居的书。当时由于个人经费有限，我就把自己之前十多年去全国各地深入生活时的一些绘画速写，改为白描作品，作为那本书的插图。那本题为《中国民居》的书于1991年在上海人民美术出版社出版。1989年底，我到中国建筑工业出版社工作。恰逢两件与民居相关的工作交由我参加：一是由我作为作者撰写

10卷本中《中国古建筑大系5:民间住宅建筑》;二是我作为建筑指导和节目主持人,参与中央电视台的12集《中国民居趣谈》电视系列片的拍摄和制作。这两项活动使我有机会更加深入和更加广泛地在短时间内调研中国民居。

中国建筑工业出版社是建设部(2008年组建住房和城乡建设部,不再保留建设部)直属单位,中央电视台的这个民居节目拍摄也是和建设部合作,因此,我的民居调研得到相当多的各地的民居古建筑专家的支持和协助。这种有利的调研条件是后来我所工作的高校完全不具备的。20世纪90年代初,中国各地的城市乡村建筑改造还没有全面铺开,因此,我还是看到、拍摄到、调查到一批优秀的传统民居。

以重庆为例,重庆嘉陵江边的临江门码头,有一条从江边一直向上通到城市主干道的、宽阔的台阶道路。这条非常宽的路微微弯曲,是被称为"棒棒军"的挑夫上下货船的要道。道路的两侧,是从路边一直延伸到两侧山顶的传统民居,就像一个牛角形的空间。举目望去都是传统的建筑环境。石阶梯一条条横向的线条,搭配高高低低、错落有致的老房子。下面是鳞次栉比的屋顶,平视两侧山坡露出高耸的吊脚楼下部支撑的木柱结构。灰灰的颜色是小青瓦和旧木料的高度统一,密密麻麻的线条是多变的民居造型与横向的、宽阔的台阶道路的疏密对比。

20世纪80年代正是改革开放后,外国学者纷纷来到中国进行学术交流的高峰期。只要是到访当时的重庆建筑工程学院(现重庆大学建筑与城市规划学院)的国外学者,都会被推荐去临江门参观。所有人都被这种世界上独一无二的、巨大尺度的传统民居空间所震撼,都会被体现了中华民族勤劳勇敢、极富创新精神的乡土建筑所感动。这个画面充分展示了华夏民众在艰苦自然条件下创建自己家园的技术能力和审美高度。它向世界展示了中国的建筑传统技艺,同时又显示出统一和谐的艺术格调,用非常传统的营造模式,创建出当今社会建筑师无力想象的建筑艺术。

中国是一个古老的国家,但是百年以上历史的传统建筑却在慢慢消失。这正是当年我们抓紧进行传统民居调研的原因。

王其钧

2023年4月于北京

目录 Contents

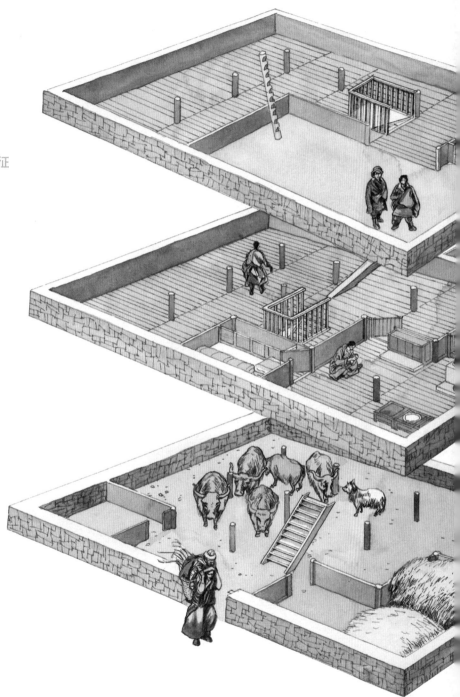

01

中国民居的发展历程

就像江河一样静静流过，依附于当时技术经济和文化历史条件下产生的民间传统，自钢筋水泥及西方技术文化引入后开始衰落，甚至从我们这块古老的国土上逐渐消逝。"请君莫奏前朝曲，听唱新翻杨柳枝。"一切艺术作品都要打破陈规，切忌重复、雷同，我们回顾中国民居的发展历程，不应去仿其形，而要去追其意；这端庄、优美、素雅、高洁的意蕴将会在中国现代建筑中凝聚、积淀。

先秦时期的民居

民居的历史非常悠久。在"人民少而禽兽众"的上古时代，原始人过着群居生活。那时他们饥一顿饱一顿，还没有能力营造房屋。正如《易经·系辞》中所说："上古穴居而野处。"纵观已发现的几处洞穴遗址，从中可以了解到，那时人们是利用天然洞穴、树丛崖下等作为栖身之地。

距今7000～6000年时，中国的母系氏族社会发展到兴盛时期，出现了氏族成员共居的大型建筑。经考古发掘的居住遗址，可以大致分为北方和南方两类。

北方以仰韶文化遗址建筑为代表。分布在黄河中下游地区。其中又以发现较早的西安以东、浐河东岸的半坡遗址最著名。半坡遗址据碳-14法测定约为公元前4800～前4300年，距今已有6000年以上。"半坡型"住宅分布在黄河中下游地区，平面有圆形和方形。其中半地下的浅穴建筑较多，浅穴一般是在黄土地面上掘出50～80厘米深，门口有斜阶通至室内地面。

浅穴四周的壁体内，是木柱编织排扎的墙面，有的还用火烤得非常坚实。室内地面用草泥土铺平压实，中部挖一弧形浅坑作为火墙，供做饭取暖用。屋面依靠中部的柱子支撑。地下建筑四周也有柱子，不仅支撑屋面，也构成墙体。屋顶为茅草或草泥土敷设。

南方以河姆渡文化遗址建筑为代表。河姆渡文化是长江中下游新石器时代的一种早期文化。在此发现了"干栏式"建筑遗址和干栏式建筑构件。干栏式建筑是用木或竹为构架，底层架空，楼上住人的一种建筑形式。河姆渡的干栏式建筑为木构架，树皮屋面，梁柱间用榫卯接合，木构架的燕尾榫和带梢钉孔的榫，可以防止构架受拉脱榫。地板用企口板拼。这体现了相当成熟的木构技术。这里还发掘出了我国最早的木构浅水井遗址，井口方形，边长约2米。水井上曾建有井亭。这和黄河中游仰韶文化完全不同，属另一种文化类型。其年代相当古老，据碳-14法测定，河姆渡遗址约为公元前5000～前3300年，距今已近7000年。

到了距今5000年前的父系氏族社会时，房屋已从母系氏族社会集体居住的大房子，变为以父系家庭为单位的小房子。从一些地方发掘的遗址来看，在众多的小型房屋中，常伴有少量大型住房，显示人们的生活已有了贫富之别。除半地下建筑外，地面上的建筑也日渐多起来。随着土木混合结构的技术提高，人们已经知道挖槽筑基，墙体也有了土坯、版筑和石砌等多种形式。室内的墙壁已普遍采用石灰类物质涂抹，并注意到装饰。

我们勤劳的祖先在原始时代极度艰难的生活条件下，经过长期艰苦奋斗，共同劳动，创

造了著称于世的远古建筑文化。虽然各地区的文化不尽相同，发展也不平衡，但它们都各自以独特的风格放射着艺术的光彩。

　　3000多年前的商代，人们已大量使用青铜器作为劳动工具，为木结构及筑土墙提供了很大的便利。筑土墙古时称版筑，就是《孟子·告子下》中所说的"傅说举于版筑之间"的版筑，即用木板作边框，然后在内倾注调拌的黄土，用木杵打实后，将木板拆除。

　　除地上住宅外，当时北方仍有一部分半地下建造的住宅，南方则广泛使用干栏式建筑。这一点从四川省成都市十二桥和云南省剑川县海门口的商代建筑遗址中可以得到证实。商代的文字——甲骨文是中国已知最早的象形文字，从一些有关建筑的甲骨文中，可见当时的建筑形式已很丰富。商代的建筑装饰纹样往往带有宗教迷信的色彩，其艺术特点是威严、神秘、慑服，从社会角度来看，其宗教意义大于审美意义。

　　西周时期有些建筑的夯土墙外皮已使用包面砖。陕西省扶风县云塘西周文化遗址已出土包面砖实物。砖的背后四个角都有乳丁，是为了附着于墙面而设计的。这样，墙体可

河南省渑池县仰韶村的原始人居住的窑洞是目前所知仰韶文化时期(距今约7000～5000年)最早的住宅。这种窑洞是原始人用石器工具向地下挖入的葫芦状的洞穴，入口在洞穴上方。由于雨水的冲刷，有的地方平地有了落差，所以原始窑洞的一半被冲掉，我们才可以看到原始窑洞的剖面

距今5000年前父系氏族社会时的以父系家庭为单位的半地下住宅，已开始使用土木混合结构的技术，火塘位于房子的中央。房顶上的小窗口，除采光通风的功能外，还起到排烟的作用(图为现代学者推测建造的房子)

以防止风雨的侵蚀。

当时的宫殿、宗庙和贵族住宅的屋面已使用板瓦或筒瓦。瓦的出现是中国古代建筑的一个重要进步。在陕西省岐山县凤雏村还发现了迄今为止已知为中国最早的一座四合院遗址，并在建筑东南角发现有用陶管或卵石砌成的排水管道，这种在住宅东南隅设排水出口的做法一直流传到明、清时期。

如果说商代是中国民居的版筑时代，则春秋战国是中国民居的干栏时代。从周代文献和《周礼》《诗经》《尚书》等的记载以及发掘的实物上，可以知道春秋战国宅第宫室已有相当大的规模，并设有门楼、重檐等装饰部分，窗户也有了十字棂格的纹样。《楚语上》中有"以土木之崇高、彤镂为美"的记载，说明人们已经注意到建筑的精神寓意。那时的建筑多半属于干栏式结构，室内地板距室外地面有相当高的距离。登堂入室必先在门外脱屦，入门即是席位，人们席地跪坐。在竹席下面，还都铺有竹编的筵，筵已成为当时建筑计算面积的基本单位之一，如《周礼·考工记》中就有"五室，凡室二筵"的描写。

战国时，住宅又有了进步，人们已普遍使用床来坐卧休息。那时，睡觉的床很矮而且很大，最为特殊的是四周绕以栏杆。建筑已有彩画，而且在建筑用色上还有严格的等级制度。瓦当上已有凸起的饕餮纹、涡纹、卷云纹等美丽的纹饰。

当时中国南方地区广泛使用楼式干栏式住宅，比北方的台基式干栏式住宅底层空间要高大得多。云南省祥云县大波那村出土的战国时期的两个干栏式小铜房神韵惟妙，下层空敞，上层挑出，有窗洞，悬山顶，飞动灵秀，豪迈俊逸。其缠绕穿插的装饰风格也与当时文学的格式有着异质同构之处。同时代的不同艺术门类之间是互相影响的，而这种影响是受时代的社会思想和审美风尚所支配的。《周礼·考工记》中提出"天有时，地有气，材有美，工有巧，合此四者，然后可以为良"的重要观点，提出了时间、空间、材料、技术四个方面的因素相互联系的概念。这种精辟的美学原则，是非常值得后代子孙赞佩与学习的。

先秦的建筑艺术已有了相当高的成就，在木构架造型和表达情感上已达到相当高的水准，显示出与古希腊迥然不同的独特的东方风格，非常强烈地体现了那一历史时代的审美意识和审美理想。

秦汉两晋时期的民居

秦是年代很短促但很重要的朝代，其间建筑有飞跃的进展。

秦统一了六国，建立了中央集权的大帝国，施行了很多重要的统一措施，如改郡县和统一文字、度、量、衡等。对于建筑则是将六国十二万豪强富户迁到咸阳，这对文化及居住建筑式样产生很大的融合促进作用。

秦、汉之际，是风水术成形阶段。风水术以易经八卦作为一种相、卜手段，并以气说、阴阳五行说为其理论根据，形成一种古代关于择居、营居的学问。风水观念显得深沉而凝重。加之汉武帝时推崇儒术，罢黜百家，住宅在立面、布局上非常注意整体的秩序礼仪制度。建筑开始被多方限制，住宅没有战国以前那样形式灵活、平面多样了。汉族房屋制度，如前堂后寝、左右对称、主房高大、院落组织等，从汉代至今无多大变化。

汉代的住宅建筑形式不仅有文献记载可考，而且有大量的出土文物，如画像石、画像砖、明器陶屋、明器青铜房屋等提供了形象资料，可以了解得更加具体。

汉代最常用的住宅单位，尤其是西汉，即是所谓"一堂二内"的制度，也是一般平民所最喜爱采用的制度。"内"之大小是一丈见方。后世所谓"内人"即是"内中之人"的意思，亦即是家庭主妇的别称。堂的大小等于二内，所以宅平面是方形的，近于"田"字。这种双开间的宅制在汉明器、祠堂、崖墓上是非常多见的。

汉代规模较小的住宅平面为方形或长方形，屋门开在房屋一面的当中或偏在一边。房屋的构造除少数用承重墙结构外，大多数采用木构架结构。墙壁用夯土筑造。窗的形式有方形、横长方形、圆形等多种。屋顶多采用悬山式或囤顶。规模稍大一点的住宅，无论平房或楼房都以墙垣构成一个院落。

汉代楼居的风气很盛，是与后世住宅大不相同的地方（今天西南、东南一带仍多有楼居的，不过北方多为平房）。楼居的盛行显然是将干栏式建筑的下段略为提高作堂室之用，而人们仍居楼上。这是很经济的办法。但是北方天寒风大，木楼房不甚适用，所以以后渐渐减少。至于干栏式建筑在汉代仍然是很多的，如"席地而坐"即是由于干栏式构造产生的习惯。近年来在广州亦有干栏式明器出土，可以证明汉代干栏的形式。

汉代宅第另有一种楼的建筑，乡村的大地主富豪们可以说每家必有一座，这既是望楼，也是谯楼，楼顶上可以瞭望，遇着有警，便"登楼击鼓，警告邻里"，使村人互相救助。在汉墓内常有这类的陶制谯楼发现。这种楼的式样很多，三层、四层或五层，多为双开间，或单开间式。每层常是上有屋檐，下有平坐栏杆，有的壁上满施彩绘，后世木塔的结构即由此发展而成。

汉代较好的住宅均有左、右阶：左阶是主人上下用的，右阶是客人用的。汉代升堂入室仍同春秋战国，盛行脱屦的制度，入堂室即席地而坐。

汉代床的用途扩大到日常起居与接见宾客等活动。床上陈设有几，床的后面和侧立面立有屏风。长者、尊者还常使用一种窄而低的床，称为榻。榻上一般都施帐，也称幄。室内四周饰以幕布，称为帷。《史记·陈涉世家》中有"入官，见殿屋帷帐"的描写。当时这种室内装饰设计十分普遍。《史记·高祖本纪》有云："夫运筹帷幄之中，决胜千里之外。"帷幄、帱帐已成为汉代官室的象征词。

汉代由木构架结构而形成的屋顶已产生五种基本形式：悬山、庑殿、囤顶、歇山和攒尖，而且出现了庑殿顶和披檐组合后发展而成的重檐屋顶。大屋顶是中国古代建筑最富代表性的形式，屋面的变化娴美、轻柔，当各种屋面重重叠叠组合在一起时，缠绵与雄放、委婉与刚直融于一体，深情绵邈，景象壮阔。以后历代屋面形式在此基础上虽有所发展，但基本形式不再突破。

总而言之，汉代的住宅风格具有古拙、朴直的特点。但古拙而不呆板，朴直而不简陋；空间紧凑而不繁缛，结构充实而不堆砌。在艺术风格上，有许多新的创造，取得了较高的成就。

魏晋时期，一些士大夫标榜旷达风流，爱好自然，这种思想也反映在住宅上。当时许多住宅围墙上有成排的直棂窗，常悬挂竹帘与帷幕，与外界自然有隔有通。墙内有围绕庭院的走廊。檐下有"人"字拱，这种"人"字拱从汉末至唐盛行，坦率简朴。一些贵族住宅的大门，往往用庑殿式屋顶，屋脊两端设有鸱吻。不过当时鸱吻仅用于官殿，对民居来说，未经准许是不能使用的。室内地面布席而坐，台基上施短柱与枋，构成木架，再在其上铺板与席。当时也有床榻之类的家具，从东晋顾恺之的《女史箴图》中可以得知盘膝而坐是当时的习惯。

南北朝时期，在我国民居史上，上承两汉，下启隋、唐，是一

汉代住宅平面为方形或长方形，屋门开在房屋一面的当中或偏在一边。墙壁用夯土筑造，无论是平房或楼房都以墙垣构成一个院落。图中的汉代明器为江苏省扬州博物馆藏品，陶器房顶为四坡水屋顶

汉代楼居风气很盛，这是与后世住宅大不相同的地方。当时人们的木构建筑技术已经成熟，而且当时木料的获取非常容易，所以人们大建楼居。据学者研究，汉代在许多地区都发生过强烈地震，这对于楼房肯定是一个威胁。可能是人们接受了教训，故后世的塔形高楼大为减少。图为江苏省徐州博物馆所藏汉代明器，楼房设有腰檐，院墙的上部还设有屋面

个重要的过渡时期。一百年间，连绵不断的战争，频繁更替的朝代，造成"人人厌苦，家家思乱"。佛教自然成为人们的精神寄托。在美学上崇尚清淡，超然物外。因此民居的艺术风格同样具有玄虚、恬静、超脱的特色，清秀、空疏是其主要特点。

唐宋时期的民居

隋、唐、五代是建筑得以发展的时期，民居艺术也得到空前繁荣。

早在战国以前，《周礼》《仪礼》等书中就明文规定礼仪制度，但到了隋、唐、五代，对于宅第制度的重视才达到非常严格的程度，一切设施都有具体的等级差别和礼仪制度。贵族大宅第的大门采用乌头门形式。《唐会要》载："五品以上堂舍，不得过五间七架，厅厦两头门屋，不得过三间两架。仍通作乌头大门。"一般宅第，如汉代楼阁式的建筑，在唐代已日趋衰退。

隋代展子虔的《游春图》中描绘了乡村民居，有房屋围绕、平面狭长的四合院，周围环境绮丽而幽静，屋面曲折展露出苍劲遒媚之姿。木篱茅屋的三合院，布局十分紧凑，院落正立面的木篱墙空透玲珑，松风吹拂的飒飒声可直入厅堂。建筑流露出悠然自得的神韵，像白居易的庐山草堂那样清淡飘逸。

《旧唐书》中有许多对于贵族住宅的详细描写。从莫高窟唐代壁画中我们可以看到图画形象，院落中回廊曲折环绕，屋面细瓦密缝，抑扬起伏。白居易的《伤宅》诗云："谁家起甲第，朱门大道边？丰屋中栉比，高墙外回环。累累六七堂，栋宇相连延。"通过这生动的描述，豪门宅第的华艳富赡景象已呈现眼前。

值得一提的是，尽管从隋、唐到五代，席地而坐和使用床榻的习惯仍广泛存在，但垂足而坐的习惯却从上层阶级逐步普及全国。后代的家具类型在唐末、五代之间已经基本具备，室内空间处理和室内设计开始发生变化。到五代时，一些贵族宅第的住宅已和席地而坐的木板地、推拉门的普通民居迥然不同了。

唐代古城的一派显赫繁华，如今已荡然无存。令人回味的不是其盛衰兴亡，而是那使人揣测忖度的里坊制度。唐长安的里坊虽沿袭汉长安及北魏洛阳的体制，但规模比以前大多了。"坊"即一个四面为高墙、民宅建在墙内、墙外是大街的街区。大坊四面开门，而小坊只在东、西两面设两门。新疆交河故城遗址由于当地雨水极少，因而至今保存唐代古城的模样。街道两旁都是高大的土墙，只有小巷内才有"坊"的大门。从门里进去，才能找到窑院的门户。这和中原地区唐城的里坊形式上是一样的。街道整齐庄严，两旁高耸的墙壁有一种莫测的神秘，只有脚步声在空中回荡。据记载，夜间坊门是关闭的，只有卫兵往来巡逻。

这种里坊制是很古老的制度，在隋、唐仍然盛行着，直到北宋汴京才因商业过于繁盛，无法限制夜市而废除。每个里坊的宅第又各有高大的院墙围起。所以那时一个人的家宅，至少有三重墙包围保护着，即城墙、坊墙、宅院墙。而院墙之内又不知经几道院庭门墙，如大门、中门、厅堂等，才能到寝室部分。所以从

新疆吐鲁番的交河故城保存了唐代古城的模样，尤其是在古城中可以找到相当数量的民居遗址，这是非常宝贵的。当时的住宅大多数是窑洞，但却符合唐代的里坊制度，图为从大院落中心看四周的住宅

此建筑看：一方面是为了可以有许多不同性质的安适幽静的院庭供人休息；一方面则是为了防御的目的。墙院的建置，确实给整个城市增添了许多壮丽严肃的面貌，因此也使自然式的园林树木在坊内愈显美丽可爱。

总之，唐代的建筑艺术非常发达，是民居的全面繁荣时期，在艺术上、技术上和规模上都远远超过前代，达到高度成熟。清新活泼、富丽丰满的民居形式，使人感到自由、舒展、耐人寻味。

北宋废除里坊制度，但宅制上仍限制随便营造。《宋史·舆服志》上规定："私居，执政、亲王曰府，余官曰宅，庶民曰家。"由于宋画的遗存，我们可以看到更多民居的具体形象。宋代民居和唐代推崇的气势刚健的民居比较起来，虽没有以前那种宏大的气魄和力量，但极致平淡天

朝鲜族民居是目前比较完整地保留唐代住宅特点的一种民居。看到朝鲜族民居，仿佛就像是回到了唐代。那四坡水的屋面是古代的一种民间的房顶形式，建筑不高，人们进屋后脱鞋盘膝而坐，这也是古代的习俗。图为吉林省延边龙井市的朝鲜族民居

然之美，可以看出人们对于"萧条淡泊"之意、"闲和严静"之心的追求。

宋代张择端的《清明上河图》是描绘北宋汴京城内外的一幅工笔画，表现逼真。图中所绘城外的农宅比较简陋，有些是墙体低矮的茅屋，有些以草葺、瓦葺混合构成一组房屋。城内住宅屋顶采用悬山或歇山顶，除茅葺瓦顶外，正面的披檐多用竹棚，使得屋面形式既有锋利挺拔之峻利，又有空灵飞动之绰约。房屋转角处的结构十分细密精巧，往往将房屋两面正脊延长，构成十字相交的两个气窗。四合院的门屋，常用勾连搭的形式，屋面曲线如珠走盘，有自然流转之致。院

内栽花植树，流露出悠然自得和闲适舒坦的气氛。

北宋王希孟的《千里江山图》所绘乡村景色中有许多民居，一般都有院落，多用竹篱木栅做院墙。设有各种形式的大门，并设左、右厢房，而民居的主要部分一般都为由前厅、穿廊和后寝所构成的"工"字屋，不过这种形式现在已极少见到。有的民居大门内建照壁，前堂左、右附以夹屋，展露出悠然的韵味和不尽的意蕴。

贵族官僚的宅第外部建乌头门和门屋，而后者中央一门往往用"断砌造"，以便车马出入。院落周围为了增加居住面积，多以廊屋代替回廊，因而四合院的功能与形象发生了变化。这种住宅的布局仍然沿用汉以来前堂后寝的传统原则，但在接待宾客和日常起居的厅堂与后部卧室之间，用穿廊连成"丁"字形、"工"字形或"王"字形平面，而堂、寝的两侧尚有耳房或偏院。房屋形式多是悬山式，饰以脊

北宋 张择端 清明上河图(长卷)绢本设色
24.8x528.7 从这幅作品中我们可以清晰地看到北宋时期东京汴梁城市内外的民居建筑的不同形式。绝大多数的住宅都已经采用了小青瓦，建筑全部依靠木结构支撑墙体，可以灵活处理成墙面、窗户、门或开敞的空间。

兽和走兽。北宋时虽然规定除官僚宅邸和寺观官殿以外，不得用斗拱、藻井、门屋及彩绘梁枋，以维护封建等级制度，但事实上有些地主富商并不完全遵守。

两宋时期，垂足而坐的起坐方式终于完全改变了商、周以来的跪坐习惯。桌椅等坐式日用家具在民间已十分普遍。民居随着家具也相应地产生变化，室内的干栏地板地面变为泥土地坪。由于坐式家具的广泛使用，房屋由原来的低矮尺度、宽深空间变得高瘦挺拔，窗棂高度也相对地提高。唐代席地而坐的住宅形式只有朝鲜民居保留至今。

这一时期，文人士大夫的美学思想日益成为统治的主流，其主要特征是追求一种平淡天然的美。这种美的趣味和理想，与上层统治阶级(特别是宫廷贵族和门阀士族)以富丽堂皇、雕琢虚饰为美是很不相同的。这一点在民居与官式建筑的区别上尤为明显，并影响后世。此后，民居与官式建筑的区别更大，风格更加不同。

宋代民居可以说是平易隽永，淡泊含蓄，具有典雅、清丽的艺术风格。屋脊及檐部由中间至两侧逐步升起，屋面自然形成凹形，这叫做"生起"。柱子，除中央开间两侧的垂直外，次间、稍间的都略向内心倾斜。从正立面和侧立面上看，形成下大上小的构图形式，这叫作"侧脚"。建筑以朴直的造型取胜，很少有繁缛的装饰，使人感到一种清淡的美。

明清时期的民居

明代民居的规模远胜前人，由于宗法制度盛行，大家庭很多，如三世同堂、四世同居共财者的确不少，一切家族纠纷由宗祠处理。明代民居至今仍有许多实例存在，有些规模的确很大。明代由于制砖手工业的发展，砖结构的民居比例大为提高，许多民居虽仍是大木结构，但砖砌墙体把木柱都包在墙体内，使民居的外部造型发生变化，立面由突出木结构的美转向突出砖结构的美。

明代虽仍继承过去传统，制定严格的住宅等级制度。但不少达官富商和地主不遵守这些规定，屋宇多至千余间，园亭瑰丽，宅院周匝数里，文献上有不少实例记载。现存明代民居，如浙江省东阳市官僚地主卢宅数代经营，成为规模宏阔、雕饰豪华的巨大组群。安徽省歙县、黟县现存一批民居以精丽著称，装修缜

福建省华安县沙建乡上坪村的齐云楼，雄踞于岱山之巅，楼门上的刻石纪年是建于明万历十八年(公元1590年)，而宗族谱记载是"明洪武四年大造"(公元1371年)。图为楼的内景，水井深达18.8米，这辘轳谐婉的声响，使人沉溺于古朴的风情之中。图中的摇辘者为作者本人。

密，彩画华艳，完全超出《明史·舆服志四·室屋制度》上的有关规定。

明代还出现了已知我国最早的单元式楼房。福建省华安县沙建乡上坪村的齐云楼，是一座椭圆形楼，建于明万历十八年(公元1590年)；花岗石砌筑外墙的圆形楼升平楼，建于明万历二十九年（公元1601年）。这两座楼都是大型土楼，中心为一院落，四周的环形建筑被划分为十几个和二十几个单元，每个住宅单元都有自己的厨房、小天井、厅堂、卧室、起居室、楼梯，独立地构成一个生活空间。据宗族谱记载，齐云楼的历史可以追溯到明洪武四年

（公元1371年）。换言之，我国早在600多年前就出现了单元式楼房，当时欧洲正值中世纪末期，中国民居完全可以和欧洲传统住宅媲美。

明代民居现存的类型很多，主要有窑洞、北方四合院、南方封闭式院落、福建土楼、南方干栏楼居和云南一颗印式住宅等。

总之，明代建筑恢宏清丽，较前代远为进步，各地民居的基本形式已经形成。强调平淡天然之美，重视人们内在心灵的自由，是民居的主要特点。在当时制度所准许的范围内，民居使个人审美的情趣和要求获得较为自由的发展，而且或多或少地突破了当时伦理道德的束缚。明代民居的艺术特色是造型洗练，端庄敦厚，庄穆质朴，可以用素雅豪放、情致雅逸来做概括，极具抒情性。

清代的夯土、琉璃、木土、砖券等技术都得到很大的发展，但民居在建筑形式上没有大的突破和创造。自明中叶至鸦片战争期间，民主主义开始萌芽，虽然限于东南地区少数地方，而且发展缓慢，但终究对中国社会，特别是意识形态产生深刻影响。随着商品经济的发展，平民阶层不断地扩大和活跃，社会生活的风尚和爱好也发生明显的变化，贵族正统意识开始受到怀疑和冲击。人们追求生活的富足、艺术的绮丽，表现在民居上就是注重装饰，有些装饰走向过分繁缛。

民居中，宋、金、元各代在房屋木构架和造型上有过不少新的尝试。民居中的月梁，门屋的"断砌造"，屋架的不对称连接，"偷心造"，穿廊组成的"工"字形、"王"字形平面等，都使建筑在总体上产生灵活感。然而明、清民居的大木结构形式逐步简单化、定型化。中原地区许多屋顶柔和的线条轮廓消失，呈现出比较沉重、拘束、稳重、严谨的风格。

清代民居的艺术特点是形式绚丽多彩，技艺纤巧精湛。装饰的重点在门窗、额枋、柱础、山花等处。尤其是清代康熙、雍正年间，民居中家具装饰风甚浓，豪华宅邸从额枋到柱

清代南方某些地区的民居在封火山墙上大做文章，有的还将形状分为"金、木、水、火、土"，以适应房主人的生辰八字

础都有雕刻。硬山式建筑山墙上的山花镂刻精美，且图案复杂，檐下走廊的两端一般都设水磨砖墙；南方民居甚至在封火山墙的变化上大做文章，使建筑产生瑰丽荣华的感觉。北方四合院的垂花门为浓墨重彩的图画，缠绵悱恻，风流蕴藉。清式家具结合民居的室内装修，烦琐华贵的艺术风格强烈而统一，使人目不暇接。其雕琢气较重，有时难免产生繁缛堆砌之感，但其建筑技术水准远远超过前代。清代民居现今保存下来的实例非常多，有的十分完好。

明、清家具的特征，首先是用材合理，既发挥了材料性能，又充分利用和表现材料本身色泽与纹理的美观，达到结构和造型的统一。框架式的结构方法符合力学原则，同时也形成优美的立体轮廓。雕饰多集中于一些辅助构件上，在不影响坚固的前提下，取得了重点装饰的效果。因此，每件家具都表现出体型稳重、比例适度、线条利落、端庄而活泼的特点。

我国民居建筑从先秦发展到21世纪初，其基本特点始终是以木构架为结构主体、以单体建筑为构成单元。尽管随着历史的推移，在不同的朝代、不同的地区具有不同的风格和特点，但总体而言，民居的这种格调变化没有太大的突破，形成不同于西方传统住宅的独特体系。民居具有浓郁的中国传统文化特色，显露出中国哲学思想的内涵。

此外，中国民居对中国官式建筑的发展，产生很大的推动作用。官式建筑的许多设计手法，都是直接从民居设计中吸取的。民居由于受到"法式""则例"(尤指宋《营造法式》和清《清工部工程做法则例》)的限制较小，所以能不断创新，在功能上注意明确性，布局上采取灵活性，材料上具有伸缩性。

综上所述，中国民居建筑由于历代人民的不断创造、发展，才有今天这样丰富的内容和多姿的面貌，其经验是十分宝贵的。我们必须不断地努力发掘古代遗产，虚心研究，使中国民居的艺术手法和文化传统，进一步得到继承和发扬。

古画中的民居
清晰地展现了
当时的建筑模
式。屋顶大出
檐，墙体直接
暴露木结构，
水面上的厅堂
采用吊脚楼式
的木构架支
撑，形成枕流
的模式。土筑
的院墙、屋顶
都为茅草覆盖

02

维吾尔族民居

大理白族民居

中国民居的建筑形式

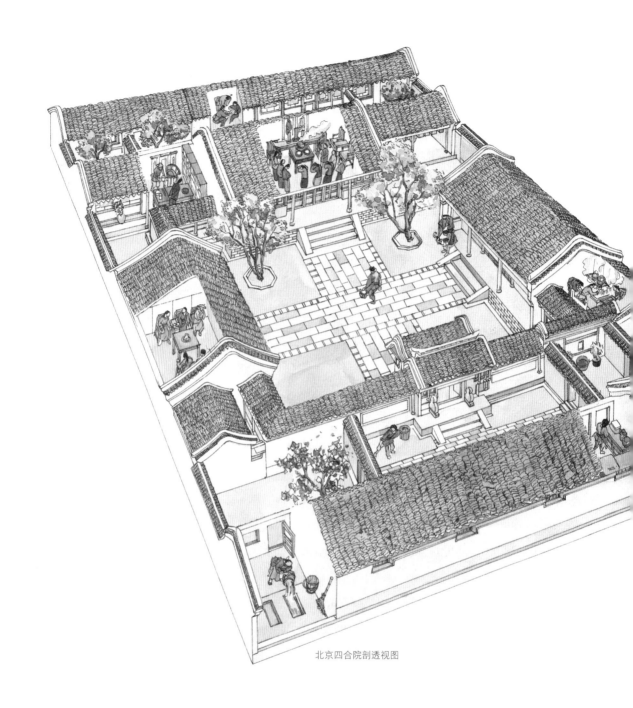

北京四合院剖透视图

　　中国是一个幅员辽阔，地形、气候相当复杂的多民族国家，所以自古以来各地民居建筑具有多种类型。"三里不通俗，十里改规矩"，从大环境来说，一个地区与另一个地区的民居迥然不同，但变化往往是渐进的，而一个区域与毗邻区域的差异则相当微妙。这与宗法观念、风水环境、民俗乡习都有关系。在同一地区内，民居的形式大同小异；但在气候、地理条件或民族不同的毗邻地区内，民居的变化很大，形式也就完全不同了。

北京四合院

北京四合院，天下闻名。

在北京的胡同里行走，可以看到路两边紧闭的大门。过去四合院的老住户，关起门来过日子，从来不招惹是非。从而宁静的气氛与感觉，就是典型的京味儿。

在过去，门的形制是有严格的等级区别的，这就像四合院的等级是不能和王府的等级相比一样。王府中最低等级的大门在普通四合院中也不能使用，因为就这等级最低的大门都比四合院里的堂屋还大。

为什么门这样重要？说起来还挺有趣：从前的人认为有三个世界存在，虚幻的天国、超现实的冥府、人间现实环境，也就是神、鬼、人居住的不同地方。北京四合院间接反映了这三个层面。过去人们认为天国是神居住的地方，是天上的

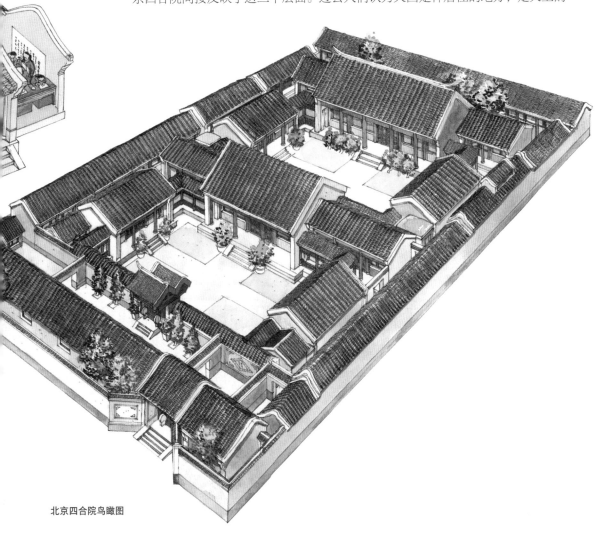

北京四合院鸟瞰图

仙境，神辈借助"下凡"，掌管了人间与阴间的人鬼大小事宜。神能赐福、解厄、救罪。冥府就是阴曹地府，是一切亡魂住的地方。因为亡魂已经过了死亡这一关，禀赋着他们的超能，又成为人间灾祸的源头。位于天国冥府之间的是人间阳世，人们便举行迎送、祭拜、酬谢神仙的仪式来祈求神明保佑，并渴望借神的力量来逐鬼驱魔。大门作为人居住环境的出入关口，具有欢迎神明、驱吓魔鬼的特殊功能，因此说门是非常重要的。

大多数的北京四合院的大门就是在倒座(院子最前边临街的那一排房子)中间拿出一间当作大门。当大门的这间屋，屋顶要比别的房间高一点，大门两边的墙也向外边凸出一点，当作装饰。门的地基是被垫高的，这样大门的地面比门外的街也要高。房主人从四合院里边出来，居高临下；外人要进四合院，步步登高。

北京四合院的大门分为好几种，而且不同身份的人家使用不同的大门。所以从前人们只要一看大门，就能知道房主人的身份，大门真的成了一户人家的脸面。北京四合院大门的基本形式是广亮大门，别的几种大门都是在广亮大门的样子上略微变化一点。

广亮大门是将门扇装在屋脊的正下方，也就是说，大门的过道在门扇里外各有一半。大门是两扇的，门扇下面是能抽出来的门槛，门槛插在门两旁门枕石的凹槽里面，平日房主人坐轿子出入毫无问题，有车进入的时候可以把门槛拔出来。国人常以门槛作为家庭地位的一种象征，但北京四合院的门槛一般不怎么高，不像南方地区大户人家的门槛，小孩要爬进爬出。广亮大门的门额上面有一对门簪，地位高的人家，有的装四个门簪。门簪上面是平的木板，北京人称为"走马板"，走马板一直向上通到顶部。走马板上面还画有彩画，门簪的上方是悬挂牌匾的地方。

广亮大门的门扇外边摆一对抱鼓石。抱鼓石是从古代仪仗的形式中发展出来的一种放在大门两边的装饰物，鼓是古代仪仗的一种主要乐器，摆在大门两边自然会有隆重庄严的感觉。北京四合院大门外两边山墙前部(靠大街的一边)的上面、靠近屋檐下边的地方，墙头呈微凹的样子，这个地方叫作"墀头"。墀头

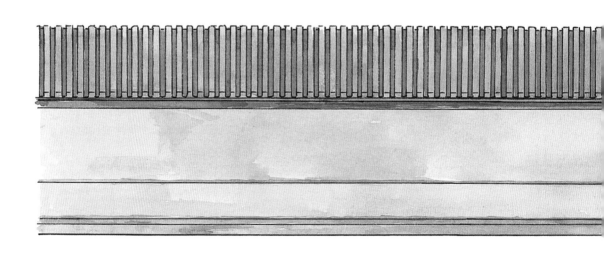

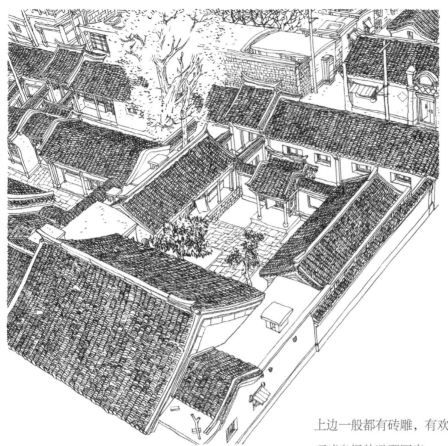

北京市东城区某四合院俯视图，可以看出正房的尺度大于其他房间

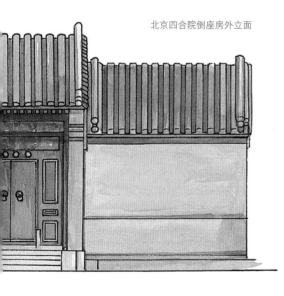

北京四合院倒座房外立面

上边一般都有砖雕，有欢迎神仙的祈福图案和吓唬鬼怪的避邪图案。

大门里头也有说道。多数的广亮大门里面都不吊天花板，这叫作"彻上明造"。也就是人们抬头向上可以直接看到屋顶下的木头结构。也有的人家装一半吊顶，常见的是在门扇里头的屋顶下边装天花吊顶，门扇外头的一边不装吊顶，俗称"半吊顶"。大门外边更有看头。北京四合院大门的屋顶一般都是硬山式，就是两边的山墙是一直平平地砌到屋顶的，屋顶就到山墙为止，并不伸到墙外来。屋顶上铺筒瓦或者一垄反一垄正地铺小青瓦。大门外边是台阶，台阶的两边是斜坡的石板。

比广亮大门的等级略低一点的是金柱大门。怎么叫"金柱"呢?适才谈到老房子前后最外边的两排柱子叫作"檐柱"，正中顶着屋脊的那排柱子叫作"中柱"，位于檐柱和中柱之间的那排柱子便是金柱了。把门扇设置在金柱的位置上便是金柱大门。其实光这么说还是不清楚，因为中柱里、外两边都有金柱，北京四合院的金柱大门是把门扇装在中柱和外檐柱之间的外金柱的位置上。换句话说，这种大门，门扇外边的过道浅，而门扇里面的过道深。除了这一点以外，恐怕还不好说金柱大门与广亮大门有什么大的不同，不过金柱大门大都装天花吊顶。人们喜欢在门扇外边的木头构件上画带包袱的苏式彩画。苏式彩画是清代北京地区带点世俗性的一种建筑绘画形式，在横着的木头构件的中间，用由浅到深的退晕方式，先画一个由许多弧线组成的云彩形状的外框，这个椭圆形的外框叫作"包袱"，包袱里边是比较写实的绘画，画出故事、花卉、山水等内容。不管怎么说，金柱大门还是相当气派的，我有时觉着金柱大门比广亮大门还有看头，能让人细细品味。

比金柱大门的等级略低一点的是蛮子门。笼统地说，蛮子门与金柱大门、广亮大门也差不多，不一样的地方就在于蛮子门的门框、门扇是装在大门最外边屋檐的下边。这样，门的气势显然比前两种要略逊一筹，而且门框与门扇也容易被雨水淋坏。不过蛮子门过道里面的空间却很大，和一个房间相等，所以，尽管气势不够，但也实用，过道内可存放一些东西。还有一点，蛮子门的台基比前两种大门的台基要矮，所以外边台阶的位置往往不是台阶，而是"礓磋"。礓磋是中国古代建筑中以砖石露棱侧砌的斜坡道，它是由许多细小横向排列的齿所组成的，有用砖排成的，也有用石块凿刻

成的。在十三陵、清东陵等古代建筑中常能看到礓磋，在北京四合院的大门前也能见到，只是给人的体味不一样。

广亮大门、金柱大门和蛮子门是北京四合院最常见的几种大门了。假如把这种有门簪、雀替、抱鼓石、上马石、高台阶、大门框的大门，建在外地的民居中，那就是等级相当高的大门了，苏州一带的"将军门"也不过如此。这或许就是人们常说的"京城扫地的都是九品官"的缘故吧！

比前边谈的这三种大门等级更低的是如意门。如意门其实和蛮子门差不太多，不同的地方在于，如意门的大门正面用砖墙遮挡起来，只留出中间的两扇大门。由于砖墙里面仍然是木结构的门框，所以外面的砖墙砌到屋檐下边时，有意在最上边露出一点里面的木结构，这样墙面看上去轻盈、透气，还能让人觉得外面的墙像是后加上去的，可能想让人知道，他们家的这个门原来就是蛮子门，只不过自己谦虚了一下。如意门门楣的上边是用砖向外凸出地砌出几行，就像是反着的台阶，这种用砖砌、一行一行向外挑出的手法叫作"叠涩"。如意门一般都在这个地方装饰上砖雕。砖墙的最上边，也就是屋檐的下面一点，用砖雕做成石头栏板的式样。简单的只是几块平素的栏板，复杂的就叫人看得眼花缭乱，因为雕绘满眼，不细心看，真不知是什么。

为什么会有如意门？据老工匠说，从前有许多无官职的富豪，歆羡广亮大门的气势，但又不敢逾制，于是便建了如意门。也有人认为，清末外国人几次入侵北京，使四合院里的居民防御心理增强，许多人出于防范需求，而

北京四合院的大门依房主人的等级不同而呈现出不同的形式。图为大门的一种——如意门，这是等级较低的一种大门

用砖将门两边遮挡，于是如意门成为随处可见的形式。其实有的如意门原来就是广亮大门，因为广亮大门的宅第卖给一般平民后，平民不敢逾制，只得将门框朝前移，用砖遮挡门框。无论怎么说，如意门还是与广亮大门的形式大同小异，因为大门都是占据了一个开间的房屋。从总体上来说，属于一种类型。

说到这里，总结一下规律就是大门装的位置越向外，门的等级越低。假如是连门扇两侧都被砖头遮挡起来的大门，等级就更低了。

比如意门等级再低的就是窄大门了。窄大门的特点是，大门的过道并不占据一个开间，有的只有半个开间的宽度。窄大门的屋顶一般也是和左右房间的屋顶一样高，并不突起，就是与倒座房的屋顶一样高。由于窄大门的宽度有限，所以窄大门只有门框和两个门扇。金柱大门、广亮大门门扇两侧所具有的塞余板等木构装饰都没有了，其他的装饰也基本没有，而且抱鼓石也被两块方形的石雕取代，所以显得寒酸，没有什么气势可言。

如果是平民百姓，而且经济能力有限，那么往往只建小门楼。小门楼是没有过道、不占房间的一种大门。大门设在院落一隅，从院墙上开个门洞，门洞墙上做一个小屋顶作为装饰，这便是小门楼。小门楼尽管简单，房主人还是要尽可能

北京四合院的影壁分为独立影壁和跨山影壁，图为独立影壁

地做一些装饰，其重点主要在屋顶上，如元宝脊、清水脊、鞍子脊(圆屋顶)、跨草、平草等都能见到。小门楼是北京四合院中等级最低的一种大门。

　　走进北京四合院的大门，正对着的就是影壁。不论有钱人家还是没钱人家，都少不了影壁。影壁就是南方人说的照壁，古代称为"萧墙"，成语"祸起萧墙"意即指

此。以前的人家为什么要建影壁呢?原来，人们认为自己的宅子中，会有鬼来访。如果是自己祖宗的魂灵，回家来寻觅食物，那是应该的。但是如果是孤魂野鬼溜进宅子，那么就要给自己带来灾祸。据说如果有影壁的话，野鬼就能看到自己的影子，因而被吓走。除了防御鬼以外，影壁在平常也有实际作用，那就是遮挡住外人的视线，即使大门打开，外人也看不到宅内;影壁还可以烘托气氛，增加住宅的气势。

　　北京四合院的影壁式样也不少，最常见的是在大门里面专门建一堵墙来当作影壁，这叫作独立影壁。独立影壁的下边一般是须弥座，也就是一种上下宽、中间窄、有点像束腰的建筑构件，与宫殿、宝塔等建筑的台基一样。影壁的顶上是窄的屋顶，挡在墙头上边，防止雨水。

　　有不少北京四合院的占地面积并不很大。譬如大门设在东南角时，一进大门就是东厢房的南山墙，如果再建一

北京市海淀区某宅的垂花门

座影壁，人简直就无法向西拐弯进院子了。在这种情况下，人们就利用东厢房的南山墙，在山墙上用砖出挑成影壁的形状，上面也有影壁的屋顶，不过只有半边屋顶，水向前流，这种影壁叫作跨山影壁。跨山影壁的优点是节省土地。由于利用了厢房的山墙，也省去了不少费用。

过去的北京四合院是一个院子为一户人家设计，所以也只能一户人家使用。垂花门是院落中间的一个门，即民间所说的"一宅分为两院"。它将四合院的院落分为里外两部分：里面为正方形院落，是正院；而外面为一东西长、南北狭的长条形院落，是倒座院。垂花门内是正房与东西厢房，垂花门外是倒座房。

中门之所以叫作垂花门，是因为中门外面的檐柱不落地，檐柱只有一尺多长，垂吊在中门屋檐下，而最下面的柱头，做成吊瓜的形式，有圆有方，有的髹饰五彩，作为装饰。两个不落地的檐柱之间，全是镂空的木雕装饰，也饰以艳丽的色彩。正因为如此，才被人们称为垂花门。

为什么中门还有檐柱？因为中门上也有屋顶。前面讲过，支撑屋脊的柱子叫中柱，而支撑屋檐的柱子叫檐柱。北京四合院中门的屋顶很小，所以檐柱不用落地支撑，人们将檐柱的上段保留住一点点，作为装饰。尽管中门的屋顶很小，但绝大多数北京四合院的中门，都是两个屋顶前后相连，外观看上去很复杂，因为有两个屋脊，所以前后

四个屋檐。但中间两个屋檐是相连的，形成天沟。下雨时，雨水从天沟向两侧流出，这种两个屋檐相连的形式，在传统建筑中叫作"勾连搭"。

北京四合院中门的屋顶也有很多种，尽管大都是勾连搭的形式，但前后屋顶的大小不一样，一般都是前面带吊瓜的屋顶小，而后面的屋顶大。而且两个屋顶的样式一般也不一样，常见的中门屋顶一个是清水脊(人字屋脊)，另一个是鞍子脊(卷棚屋脊)。

从外面看中门只是一个不大的门，但进到里面才会感觉到这门楼屋顶下的空间不算小，也有一个小房间那么大。中间的门有两层，外面一层是垂花门的双扇门，里面一层是屏门。

屏门由六扇或八扇组成。屏门多漆成绿色，或在绿地上洒金。人们还常在中间的门扇上各写一字，连起来为一句四字横幅，如"福禄寿禧""四季平安""中正平和"

垂花门是北京四合院内装饰最多的一处建筑。从图中可以看到，这个门最前面的两根柱子是不落地的。柱子的下端做成了两个方形的吊瓜，因而被叫作垂花门。垂花门内的东西两侧直接连着游廊等。两层门之间是一个较大的、左右两侧开敞的空间，左右两边通往游廊。中门后部的这几扇屏门，平日是不打开的，这样，前面的垂花门打开后，在前院的人看不到内院的情况，因为垂花门内还有屏门遮挡。只有重要客人来时，才打开屏门，以示对贵客的尊重。另外，屏门的拆卸也十分方便，家中遇有红白喜事时，只要拆下屏门，花轿、棺椁等都可以方便出入。

日常不开屏门时，人们怎样出入呢?适才谈到，中门像一个小房间，垂花门在南侧，屏门在北侧，东西两侧没有任何遮挡。人进了垂花门后，只要向左(西)或向右(东)拐，都可以沿着游廊进入中庭。

游廊在北京四合院中分为四种：中门东西两侧转弯通向东西厢房的是抄手廊，东西厢房向北然后拐弯通向正房的是窝角廊，东西厢房和正房前都有檐廊，与抄手廊和窝角廊相连接后，形成一个回合，人可以在游廊里走一圈而不用担心在雨天被淋湿。另外，还有一种穿廊是纵深或横

北京四合院可大可小，大的四合院是庭院多。图为多进院落的北京四合院俯视

向的，用来连接两个以上的院落。

　　北京四合院游廊的房顶一般都是弧形的鞍子脊，游廊的尺度不大，一般也就一米左右宽，一人多高。在游廊的柱间下部有三四十厘米高的栏杆，栏杆的上部是十二至十五厘米左右宽的木板，可以作为坐凳使用。游廊是开敞的，但游廊的外侧（南侧）为墙遮挡。有些人家在墙上安不透明的盲窗，外形有宝瓶、葫芦、八角、梅花等许多种图案。窗子里面是墙体，外面装玻璃，玻璃上还画花，玻璃的外围有一至两寸宽的木边作为装饰，很像北海、颐和园长廊靠墙一侧的花窗。

　　四合院可大可小，大不是庭院大，而是院落多，前院、后院、东院、西院、正院、偏院、跨院；或者说纵深丰富，一进、二进、三进等；也可以按功能分为厨房院、车马院、围房院、书房院、老爷院等。

　　房间是住宅院落中最重要的部分。北京四合院里的房间都是平房，没有楼房。据说过去四合院的房顶，不能超过皇宫金銮殿的石台基的高度，所以，四合院普遍低矮。这一点，在民国时期德国人从北

北京四合院方方正正，空间序列井井有条，高墙深院，密密匝匝，庄严肃静。大门设在院落东南角，即使是大门打开，从街上也不可能看到院内人的活动

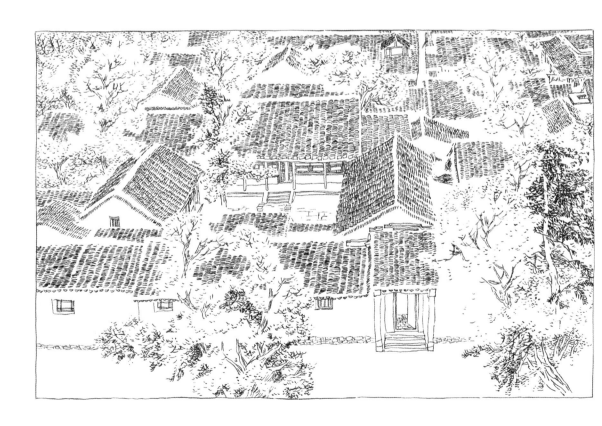

北京四合院的中庭是一个私密空间，过去一般的客人也是进不了中庭的

京上空拍的电影可以证明。

北京四合院的房间布置都差不多，由正房、耳房、厢房、后罩房及倒座房组成。四合院这种围合式的院落最集中地表达了中国人风水的"向法"和引气概念，中轴对称，左右平衡，对外封闭，对内向心，方方正正。经过长期的沿袭、传播、发展，四合院最终成为中国民居中最正规、普通的一种基本模式。而北京四合院还与棋盘式街道网络格局有着深刻的内在联系。

四合院里最重要的房间就是正房。正房就是北房，也称上房或主房。由于祖宗牌位及堂屋设在正房的中间，因此正房在全宅中所处的地位最高，正房的开间、进深和高度等在尺度上都大于其他房间。正房的开间一般为三间，中间一间为祖堂，东侧的次间往往住祖父母，西侧的次间住父母，而且老房子正房左边(东边)的次间、稍间比右边(西边)的略大，这是受"左为上"传统习俗影响的结果。旧时人们有尊左的习俗，我们常说的"左祖右庙""文

四合院内景，左侧为西厢房，右侧为正房，厢房与正房连接的拐角处有窝角廊连接

四合院的室内客厅布置

左武右""男左女右"都是尊左的反映。如面南时，左侧为东。在故宫，东路的建筑从规模上大大好于三大殿西侧的建筑，皇家的宗庙——太庙也设在故宫的东侧。四合院中，除中轴线上的堂屋外，东屋被认为是次好的房间，人们把主人称为"东家""房东"，就是为了表示对主人的尊重。

北京四合院的厢房一般都是三开间。尊左的习俗反映在厢房上，就是东厢房的尺度略大于西厢房，东厢房住大儿子、三儿子，西厢房住二儿子、四儿子。

正房两侧大都再建耳房，耳房与正房一样也是面南，只不过尺度较小，也就是后墙与正房齐平，而前墙比正房向后退缩。由于进深窄，因而屋顶的高度也矮。如果将正房比喻为人的脸，那么，耳房就像是人的双耳。两侧的耳房有各一间的，也有各两间的，各一间的被称为"明三暗五"，也就是看上去正房是三间，但事实上正房为五间。两端的耳房各两间的，则被称为"明三暗七"。这种做法，主要是为了不超越旧时的宅制。耳房前面正对的是东厢房或西厢房的北山墙，这个小空间的东西两侧又各被院墙和窝角廊所隔挡，恰好形成耳房前的一对小院子。由于这个小院子不铺砖石，因而被称为"露地"，常常种植一些房主人喜爱的花木。一些文人也将书房设在耳房，阳光可以直射房中，而窗前的小空间又十分私密。日影斑驳，轩窗静寂，可以说是极好的读书环境了。耳房的室内一般都有门与正房的次间相通。在构造上，正房耳房各自都有独立的山墙，但民国以后建的四合院往往将构造简化，两个山墙合二为一。耳房与正房是相通的，在相连的山墙处开有小门。

　　正房后面的一排房屋叫作后罩房，后罩房的开间很多，由于不是正房，故不受宅制之制约。后罩房一般是女儿及女佣所居住的地方，

因为后罩房位于院落的最后，所以最为私密。女儿居住在这里，进出都要经过父母亲居住的正房，所以行动上受到父母的监视。后罩房的等级低于厢房，房屋的尺度也小于厢房。如果四合院的后面临街，那么还可以将西北角的一个房间空出来留做后门使用。

　　后罩房院的面积一般都不大，就和最前面的倒座房院窄窄的情况差不多。但有些人家的四合院是几进院落，所以后面的院子与前面的正院一样，也是方的。

　　后罩房后面临街的一侧墙壁，大多不开窗或开小的高窗，街上的路人看不到房间内的活动。墙的最上部又分为露檐、封檐两种。

　　所谓露檐，就是墙砌到接近屋檐时，不再向上砌，在屋檐下露出一小部分墙里面的木结

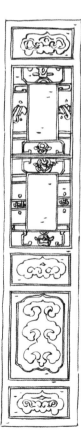

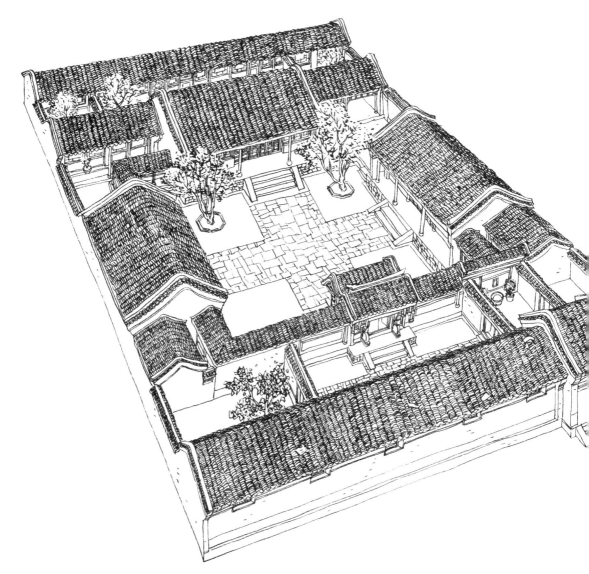

这是一个典型的中等尺度的北京四合院，由前院、中院和后院组成。从图中可以看到大门内的影壁、中院与前院之间的垂花门、四个拐角处的游廊、正房两端耳房前面的小曲尺形院落以及私密性极好的后院

构，因为旧时的房屋为木构架承重，墙体只起围护作用。封檐，就是墙一直砌到屋檐下，不暴露墙体内部的木柱等结构。北京四合院中使用较多的是露檐。

后罩房位于院子的最北端，与之相对应的是院子最南端的一排回门朝北的房间，被称为倒座。倒座房的使用分配一般是这样的：最东面一间为私塾，前面有墙，南北向的从东厢房的南山墙到倒座房的北墙分隔出一个一开间的小院，称为私塾院；从东数第二间的倒座房为大门；第三间为门房或男仆居室；正对垂花门，也就是隔墙正对正房的三间为来访客人的居住场所，有时也作为会客间；倒座房最西头的一间为厕所，与东头私塾院的情况类似，也是用一堵南北向的墙从西厢房至倒座房相连，将厕所与前院隔开，留一小门，有时门还做成月洞(圆门)的形式。因为旧时人们认为，西南角是"五鬼之地"，在那里建厕所，可以用秽物将"左青龙、右白虎"中的白虎镇住，免得白虎进宅捣乱。

四合院的排水系统也很讲究，过去称为"水法"。尽管四合院的入口在东南角，但污水并不从东南角流出，因为东南角是"左青龙"的位置，青龙是管水的，万万不可得罪。所以，北京四合院的地坪尽管北高南低，但所有的水都从西南角，也就是厕所的方位流出，不然就会犯"桃花水"，这被视为很可怕的事。有些简易一点的四合院，进大门后就能看到地面的一条由东向西的明沟作为排水之用。

倒座房的后墙，也就是四合院前面临街的外墙，处理方法也与后罩房的后墙一样，分露檐和封檐两种，窗子也是开得很小，而且很高。少数的四合院在墙面上留有拴马环，拴马环的安装很有意思，是将墙面的砖留出一个半尺高、半尺宽的洞口，拴马环就在这个洞口里，洞口的里面

北京四合院是中国人理想居住模式的典型代表之一，房屋对外多不开窗，而朝向院内的一侧几乎全是窗子，因此院内没有市声尘器的干扰

北京四合院内严分层次。图中的大门为垂花门，垂花门外是家佣居住的地方，而垂花门内则是房主人居住的地方

是墙体里面的柱子，但柱子又被砌到了墙的里面，外面是看不到的。这种房屋的最大优点是木构架为一个整体，民间"墙倒屋不塌"的说法，就是讲的这种情况。

北京四合院的房间里面用方砖铺地，而墙面顶棚都用白纸裱糊。清朝佚名的《燕京杂记》记载："京师房舍，墙壁窗牖，俱以白纸裱之。屋之上以高粱秸为架，秸倒系于桁椽，以纸糊其下，谓之'顶棚'。不善裱者，辄有绉纹，京师裱糊匠甚属巧妙，平直光滑，仰视如板壁横悬。"裱糊匠将顶棚、墙壁、窗户全部用"大白纸"裱好后，四壁有如白色的提花

府绸，有泛光花纹，人称此为"四白到底"。

北京四合院房间的窗子为支摘窗，这与南方民居普遍使用的槛窗不一样。槛窗就是类似于门的那种窗子，只不过将门槛提高，变成窗槛，因而称为槛窗。而支摘窗是一种上下布局的窗户，窗扇不是平推开来，而是窗扇朝外向上掀起，用一细木棍支撑，窗扇也可以摘下来，故称支摘窗。北京四合院窗子棂格的本身并不复杂，不像南方有那么多的棂格图案，但在没有玻璃的年代，窗花便成了重要的装饰品。

四合院中植树也有讲究，大户人家首选种槐树，这是"三槐""槐棘"的意思，比拟为古代的公卿大夫，现存大的北京四合院后面都能看到古老的槐树。石榴多子，喻义人丁兴旺，大家喜在庭中种植。旧时北京有句俗语

"天棚、鱼缸、石榴树、老爷、肥狗、胖丫头"，就说明了石榴树是康乐之家的标志。枣树有"早生贵子"的意思，也常被普通人家栽植。但四合院中不能种植松柏，"耆年宿德，但见松丘"；也不种植白杨，因为"白杨萧萧"，这都是阴宅(坟地)上种的树，不能种入阳宅。另外，桑树也被人忌讳，因为"桑"与"丧"谐音。

四合院是中国人理想的居住模式，有房子，有院子，有大门，有二门，有游廊，有私塾，有客厅，有照壁，有库房，有厨房，大户人家连园林、车马房一应俱全。关上大门，自成一统。"闭门而为生之具以足"(《颜氏家训·治家篇》)是中国传统的居住概念。生活在四合院中的人们，能够充分发挥尊老扶幼、晨昏定省的和睦共处精神。四合院的寓意是不言

而喻的，从中可以看出稳定而端庄的轮廓，均衡而严肃的格调。四合院的四周，由围墙和各座房屋的后墙封闭，房屋对外多半不开窗，为实墙，因此院内没有市声尘嚣的干扰，家居安全也有保障。四合院建筑，不仅和中国人的伦理观念契合无间，而且表达了中国人中正平和、变通有则的处事态度。尽管四合院方正规矩，但仍不失变化，各家院落都有自己的特点。中国传统的大家庭制度，以人口繁衍兴盛为荣，人们都把四世同堂当作一种福气，这样的大户人家，往往需要更多的院落。

朝鲜族民居

中国有56个民族，居住习惯多种多样，民居的形式也多姿多彩。而居住在东北地区的朝鲜族，其民居形式与其他地区的迥然不同，最大的特点是保持了唐代以前的许多居住方式。

朝鲜族民居的布置，对于向阳的方向不是特别重视。

房屋以单体为主，最多有一个厢房，但院落却非常大，院的四周是用木板片组成的矮篱笆，而且绝大多数院落的门并不设在正前方，往往设在院子的侧面靠近房屋的地方。

假如院落前方靠近大道，则会设一个双扇门供大车出入，但平时出入并不使用这个大门。

篱笆墙比较矮，高度一般为一米多，材料不很讲究，也不规整，但篱笆搭得很密，间隔很小，可以防止鸡鸭钻入钻出。院门虽比篱笆墙讲究一点，用锯子稍微加工过，但也非常粗糙，完全不讲究派头。在调查中了解到，院墙的主要功能是防止家禽家畜到处乱跑。因为院落非常大，所以院内都开出一块地用来种菜，同时自家喂养的鸡也不会跑丢。门闩设在门扇的上部内侧，大门相当低矮，出入时都能方便插上。

朝鲜族民居绝大多数都是四坡水的草屋顶，歇山顶一般只有瓦房屋才有。朝鲜族民居的瓦屋顶和汉族有很大的区别，汉族一般使用小青瓦，也就是仰合瓦，瓦片一反一正交相覆盖，形成瓦垄。瓦和垄的宽度差不多，瓦比垄往往还宽。和汉族民居不同的是，朝鲜族民居

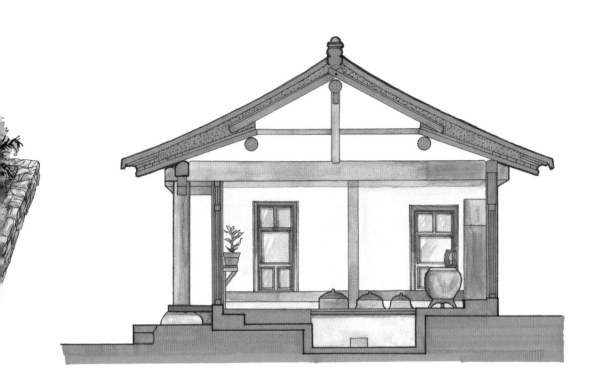

左上 | 朝鲜族民居院落透视
右上 | 朝鲜族民居剖面（歇山瓦顶）
右下 | 朝鲜族民居透视（歇山顶、瓦顶）

朝鲜族民居村落

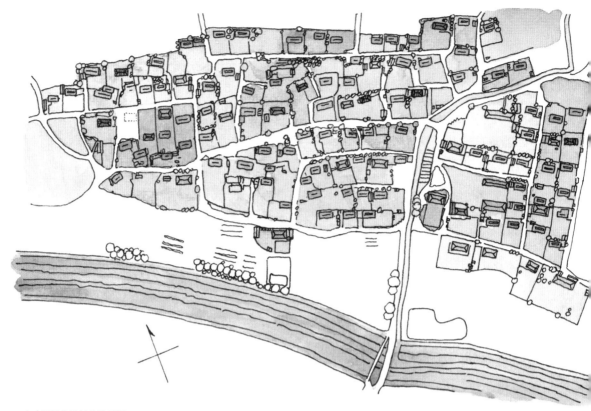

上｜朝鲜族某村落总平面
下｜朝鲜族民居的房屋以单体为主，院子四周仅用矮篱笆围
合。绝大多数的房顶为四坡水的形式

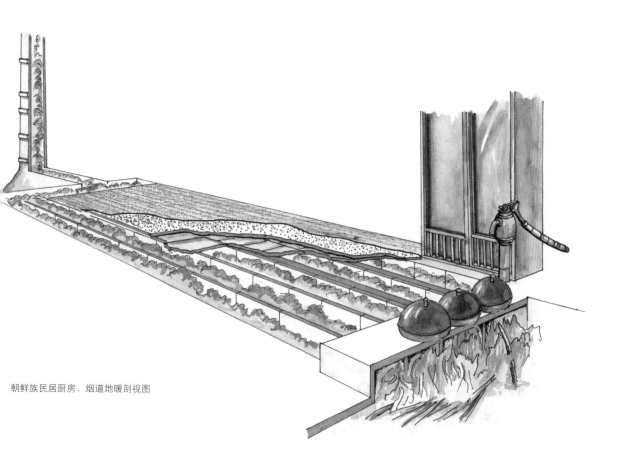

朝鲜族民居厨房、烟道地暖剖视图

的仰瓦非常大，几乎相当于汉族小青瓦宽度的一倍，所以明显感觉垄特别宽。仰瓦的下面有凹凸的陶纹装饰，在檐口处抬头仰视就可以看到花纹。仰瓦的上面覆盖筒瓦，屋檐处的筒瓦还有圆形的瓦当，瓦当上有浮雕状的图案装饰。歇山顶的正脊、垂脊和戗脊装饰都和汉族迥然不同，具有强烈的民族特点。

在朝鲜族民居室内行走，第一个感觉是温暖的。原来朝鲜族民居整个居住房间都在炕上，入秋之后就开始烧炕，所以地面是暖呼呼的。

朝鲜族民居的平面布局比较固定，一般说来有六间和八间两种形式。以八间为例，房屋平面可以比喻为两个"田"字形相接的形式。

第一个"田"字形为四间卧室，分为前两间和后两间。前两间分别是父母和祖父母居住，如有客人，则让出其中一间给男客人居住。后面两间是闺房、孩子住处以及贮藏衣物的房间。四个房间每个房间之间都有门相通，而且每个房间都有门直接通往屋外。如果是六间的房屋，卧室为"日"字形平面，只有前后的两间，前面父母住，后面儿女住。

我们再来看另一个"田"字形，这个"田"字形的分隔也是固定的。与卧室相连的中间两间是前后贯通的大房间，与卧室分割的墙上有两门分别和前后卧室相连，和卧室相连的田字形的这一半是一个大炕，为起居室并兼作餐室。孩子多的家庭，有的孩子也在此居

住，这个房间叫作正间。客人来访时，女宾就睡在这大炕铺。正间的另一侧是屋地和灶坑，屋地是进门后的一块地面，可以放置柴火等杂物，家庭成员回家吃饭，可以从这里直接出入，把鞋子脱在屋地处。

屋地的里面是灶坑，一般为深一米、长两米、宽一两米，凹进地面的一个方池。灶坑用木板覆盖。木板是一块块并列覆盖的，有点像南方的门板。灶坑板上刷油漆，覆盖后，正间内感到十分整洁。

这个"田"字形的另外两间，前面的一间为贮藏室，放置农具、粮食，也是妇女用来春米的作坊，这个房间叫作碓房。碓房有小窗，和后面的牛间相通，牛间的入口在房屋的侧面。牛对于以农业为主的朝鲜族人来说，是非常宝贵的，人们爱牛，所以牛和人都在同一个屋里，只是用房间隔开。过去老的房子，在起居室灶坑的旁边也开有窗口，用以观察牛的动静。

炉灶的烟道从房间的地下通过，所以做饭时，整个房间更加暖和，加上水蒸气的散发，空气也不干燥，充满了米饭的香气。朝鲜族民居的下面满布烟道，一般盖好房子以后就将卧室下挖，然后用石块排列，上面再铺石板，石板下面是空的，形成烟道。石板的上面再抹泥巴，过去农村的炕面都铺上芦席或高粱秆编制的席子，现在多用人造纤维板或三合板，上面刷上炕油，经常擦洗，保持铮亮光洁。

东北地区的汉族民居，都是采用墙体保温的办法来过冬。而朝鲜族民居的墙体很薄，他们是依靠满屋火炕取暖，加上朝鲜族民居相当低矮，一米八的高个子站起来头就要顶到横梁了，由于室内低矮自然热效就高。到了夏天，朝鲜族民居就显出了它的优越性，由于四周都有门窗(朝鲜族民居门窗不分，门就是窗，窗就是门)，打开后，通风效果非常好，加上大炕上又没有什么家具，也不挡风，所以不会很热。

朝鲜族盘膝而坐，保持了我国唐代以前的生活习惯。汉族人从宋代以后，全都垂足而坐。现只有一些少数民族还保持古老的盘膝而坐的习惯。由于朝鲜族席炕而食，所以饭桌都是矮腿的。

过去窗格上糊的都是高丽纸，所以窗户不透明，但透光程度还是很好的。而且高丽纸是用棉花作为主要原料，纤维韧性强，风吹不坏。另外就是朝鲜族民居和东北民居一样，都是把窗户纸贴在窗棂格的外面。原来东北地区冬季长，下雪的时候，雪会积在窗棂格上。由于室内外温差大，所以雪会很快融化，融化的雪会打湿窗户纸，风再一吹，窗户纸容易破。窗户纸糊在窗棂格的外面，外面是一个平面，不会积雪，窗户纸自然用的时间长。

除了瓦房以外，朝鲜族民居的主要形式还是草房。草房冬暖夏凉，而且造价低，朝鲜族民居的草房顶都是使用稻草，夏天不漏雨，冬天不漏雪，但是每年都要加一些新草。另外稻

草松软、轻巧，不像麦秆坚硬不怕大风。朝鲜族民居都是使用绳网将草房顶罩住，以防大风吹袭。这种带绳网的草房顶还是很有地方特色的。

朝鲜族民居的前面一般都有偏廊。廊板的来源也可远溯到我国古代建筑。古代建造宫殿的时候，常常采用短桩台基，用成组的小短柱作为台基与基础，这样既可以通风又可以防潮。

我国绝大多数民居，都把防御作为民居的重要功能之一，考虑在建筑的形式之中，而朝鲜族民居则是一种极不考虑防御的住宅形式。这反映了一种古老的、人与人之间关系亲善和睦、彼此视为一家的纯朴风情。唐代民居现在已经看不到了，但吉林延边的朝鲜族民居，却保持了浓厚的唐代风格。在质朴平淡中，蕴含着丰富隽永的诗情。

▌蒙古包

蒙古包作为民居至少已有2000多年历史，古时候连蒙古族的王公贵族都是居住蒙古包。元代以后，受中原文化的影响，蒙古族的王公府邸已变成传统木构建筑，但民居还是蒙古包。

"包"是满语"家""屋"的意思，蒙古族居住的毡包，满语习称"蒙古包"。《黑龙江外记》中有"穹庐，国语(即满语)曰'蒙古博'，俗读'博'为'包'"的记载，现在我国蒙古族、哈萨克族等民族住的帐篷，就是这种毡帐。毡帐的历史极其久远，《周礼·天官·

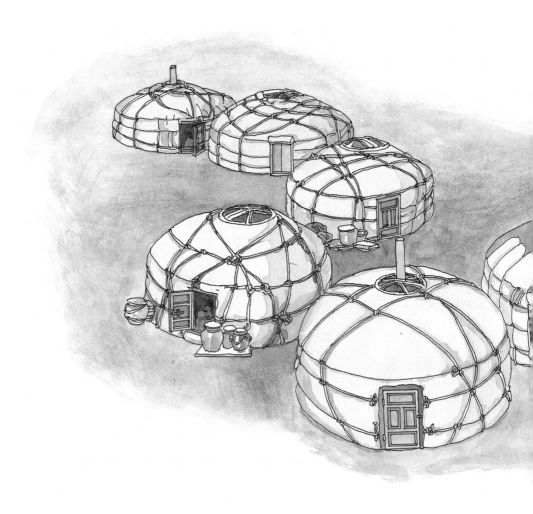

掌皮》中有"共其毳毛为毡，以待邦事"的记载，说明我国很早就有制毡技术。古代文献中把毡帐称为"穹庐""游帐"，马致远《汉宫秋》第一折中就有"毡帐秋风迷宿草，穹庐夜月听悲笳"的诗句。

蒙古包在中国民居中是非常独特的一种形式，在世界的民居中也是引人注目的一种类型。蒙古包有2000年以上的历史，发展到现在已十分完美。

从平面上来看，蒙古包是圆形，圆形是使用围墙最短、包围面积最大的一种建筑形式。在我调查的蒙古包中，入口都是朝向东方，这

和有些古书上描述的"突厥牙帐东开，蒙古则门朝南开"的情况是不一样的。入口向东是某种信仰吗？牧民都说不清，但人们都听老一辈人说，门只能朝东，就是朝向日出的方向。我们可以肯定的一点是，门朝东能防止常年吹来的西风直接进入蒙古包内，尤其是在寒冷的冬季。

从剖面上看，蒙古包是一个近似半球形的穹顶，这种形式是最符合结构力学原理的，只要很细很薄的龙骨，便能承担顶部覆盖的几层毛毡。

从造型上看，蒙古包十分接近流线型，风

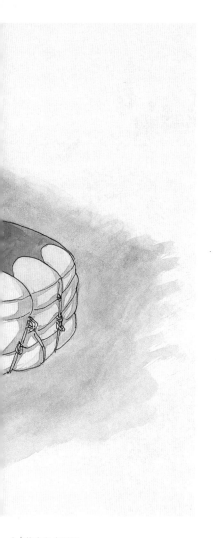

暴从任何角度吹来，都可以把风的阻力减到最小，抵抗风暴的侵袭。而蒙古包为了避风，也不会搭建在最高处，往往搭在缓坡地上。所以冬天一刮风，便不易被人看到。

如同汉族民居的东西厢房、正房到座位的使用功能各不相同一样，蒙古包内也有固定的功能分区。这种功能分区，主要体现在客人来时。蒙古包门是朝东的，主人坐在西侧，正对着门，客人坐在主人的右侧，也就是南侧，妇女孩子在主人的左侧，也就是北侧。

蒙古包地板上铺的是地毯，人们不用脱靴，盘膝而坐，奶茶、酒和食物，都放在地毯上，设有矮桌子。沿蒙古包墙壁一圈，放的是衣橱、箱子等家当。燃料箱放在入口北侧，接下来是碗橱。蒙古包的中心是炉灶，有一根烟囱从上面的天窗伸出去。

除了天窗外，蒙古包没有窗子，夏天时可以把一圈的毡子掀开，用绳子拴在上面，掀开的多少，可以任意调整。我注意到有的蒙古包已安装了玻璃小窗，使内部照明得到改善。内蒙古的夏季很短，而且不十分热，所以蒙古包一年四季都十分适用。

为了更深入了解蒙古包，我曾在西乌珠穆沁旗（县）哈日根台苏木（乡）的额尔敦宝力格嘎查（大队），跟随道格腾巴雅尔一家，做了一次示范性的转场。目的是使我从头到尾看一遍蒙古包的拆、运、建的全部过程，令我惊讶的是，搭起一座蒙古包前后只用了不到半个小时。

上｜蒙古包鸟瞰图

下｜早期定居的牧民将房子也建成圆形的，形似蒙古包，是中国民居中少有的形式。现在牧民也住方形的房子了，已很难再看到这种圆形的房子

蒙古包内部结构

蒙古包外观

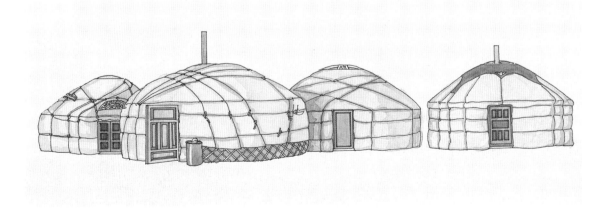

1. 蒙古包的运输很简单，转场时几辆勒勒车即可运走全部的毡房、家具、灶具。

2. 到达预定地点后，先在地上铺板，铺板的大小，代表要建的蒙古包面积。下面置几根木条，使铺板架空和地面保持距离。

3. 安装门，门放在朝东的一面。门不高，接近正方形，人要弓腰才能进出。再放哈那，哈那是蒙古包一圈墙体的骨架，一般的蒙古包都是使用四个哈那，大一些的蒙古包使用六个哈那。哈那是标准件，有点像银行的栅栏门，收起来时，约150厘米长、50厘米宽，拉开后可以变成3米多宽，1.2米高的栅栏。哈那市场上有卖，无论大小蒙古包，都是用一样的哈那，蒙古包的大小是由哈那的多少决定。

4. 架陶脑和乌那。陶脑是蒙古包顶部正中天窗的圆

在苍茫的草原上，圆形的蒙古包是抗风暴的最好造型，而且用较少的材料，获得了最大的面积

蒙古包是以家庭为单位而布置的，因为一个家庭拥有一片牧场，不太会有蒙古包村庄的情况出现。图中数个蒙古包同属一家，是我在内蒙古调研中见到的蒙古包数量最多的一次

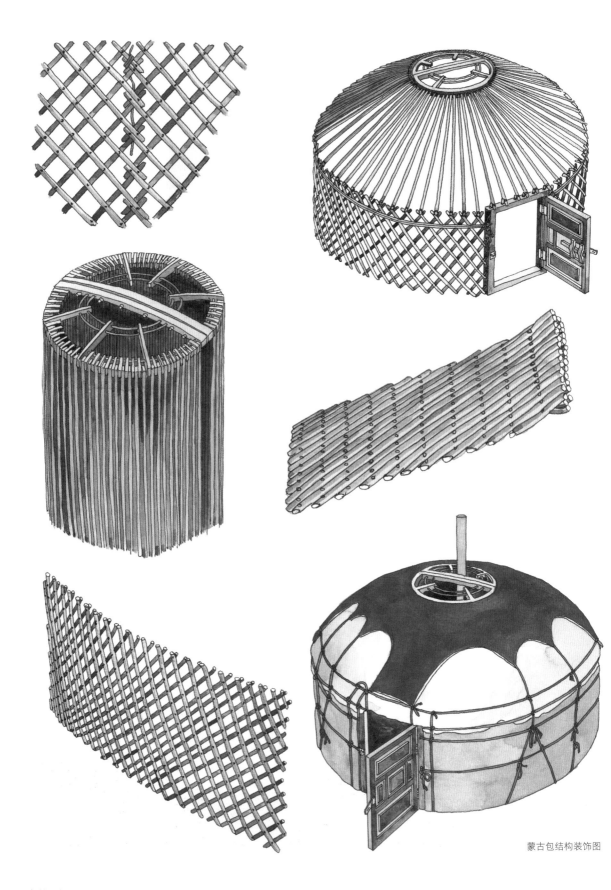

蒙古包结构装饰图

蒙古包的内部空间
十分紧凑，最中间
是炉灶，四周沿墙
布置家具，其余地
方为地毯，人们可
以随地坐卧

蒙古包目前已十分罕见，因为牧民大都已经定居。有了固定的房屋。1992年夏末，在内蒙古锡林郭勒盟西乌珠穆沁旗，我有幸观看了一次蒙古包转场的全过程，这里选几幅照片以供说明。上图：将拆下的蒙古包装上勒勒车。下图：将地板炉灶也拆除带走

勒勒车队由牛拉着缓缓行进，走在最前面的是牧羊犬。勒勒车一个牵一个如同火车车厢，主人只要指挥最前面一辆车即可(上图)。到了新的地点后，依先后顺序，一个一个的蒙古包构架在需要时被抬下车(下图)

形骨架，乌那是圆形天窗四周呈放射状的细木长条，相当于房顶的椽子。架陶脑是搭建蒙古包难度最大的一个过程，先把陶脑抬到蒙古包的圆心上，垂直竖立起来，再把乌那取出几根套上哈那。接着套与之相对应的几根哈那，要靠中间扶着伞架的人用力向上一抬，其余的人抓紧时间再把四方几个乌那套上哈那，才能将顶部撑上。然后把其余乌那套上，蒙古包的骨架就完成了。

　　5. 骨架拼装完成后，先铺一层塑料布。

　　6. 铺毡子。毡子要铺两至三层，先铺顶部，再铺下面一圈，用马鬃绳把毡子系上，蒙古包就建成了。

平整基地、铺地板、砌炉灶是首先要做的事
情，然后就是定门的位置，门要朝向东方

接下来是架哈那(栅栏)，然后是将陶脑和乌那
放到哈那上面。这是一个比较吃力的事情，而
且需要丰富的经验，最后将余下的乌那端部都
套到与之相对应的哈那之上

上|铺毡子
下|用马鬃绳系结实毡子，是安装蒙古包的最后一道工序。接下来是架烟囱、竖风力发电机的杆子，接电视机电源和安放衣物。整个蒙古包的搭建过程不到半个小时。比较慢的只是后期的整理家庭物品。蒙古包的易于转移功能是很明显的

山西祁县民居

"欢欢喜喜汾河湾，哭哭啼啼吕梁山，凑凑乎乎晋东南，死也不去雁门关。"

这个地方民谣生动地说明了山西省不同地区的人们的生活情况。山西民居有名，最富瞻、最华丽的民居要数汾河湾一带的民居。而汾河流域的民居，最具代表性的要数祁县了。如果就一般想象来说，人们印象中的那种单坡屋顶、纵长方形院落的"典型的山西民居"，就要数祁县了。

祁县民居之所以品质高，是因为从明朝起，许多祁县人便外出经商，致富返乡后，便在自己的故里纷纷大兴土木，营造住宅。他们有了钱，所以房屋也建得特别好。

祁县城里的民居完全具备了山西民居的几个主要特点。一是外墙高，从宅院外面看，砖砌的、不开窗户的实墙有四五层楼那么高，有很强的防御性。二是主要房屋都是单坡屋顶，无论是厢房还是正房，是楼房还是平房，双坡屋顶不多。由于都采用单坡屋顶，才使外墙高大，雨水都向院子里流，也就是"肥水不外流"。三是院落多为东西窄、南北长的纵长方形。院门多开在东南角。

现在，祁县最出名的要数位于乔家堡村的乔家大院了，乔家大院其实是在一个方形的城

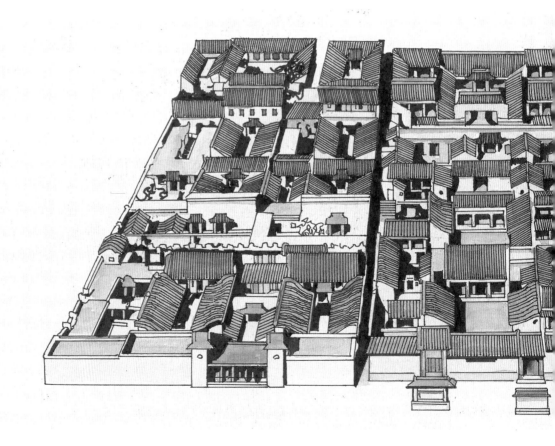

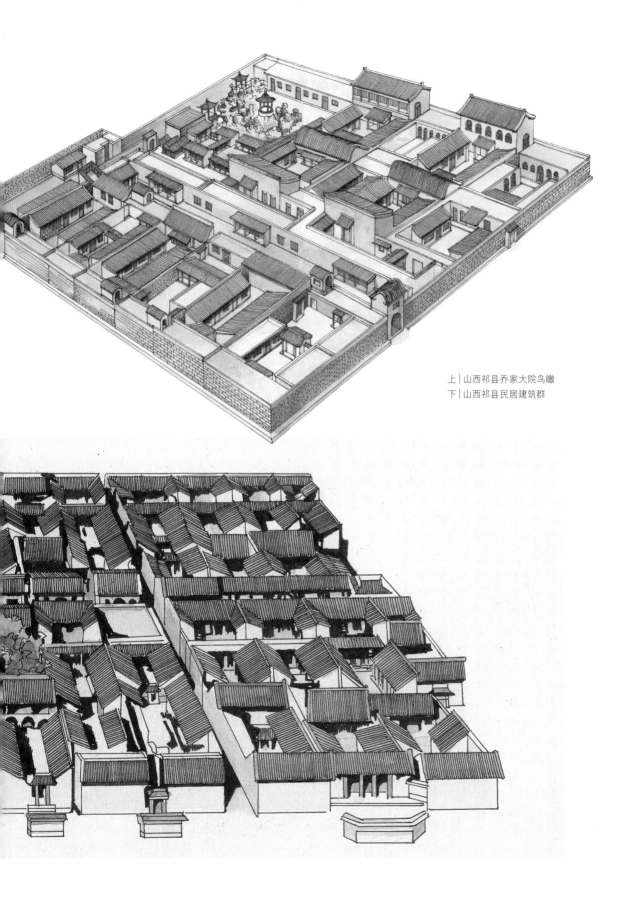

上｜山西祁县乔家大院鸟瞰
下｜山西祁县民居建筑群

堡内，中间有一条巷道，巷道的一头是大门，正对大门的另一头是祠堂。巷道的左右两侧各有三个大门，共六个院落，每个院落中又是两三进的小院子，院子的左右两侧往往还有侧院，这样一个复杂的平面，组成了一个富有变化的建筑空间。六个院落的建筑时期不同，有先有后，因而建筑风格也有时代上的差异。

乔家大院的小院有19个，房屋共计有313间。从外面看，大院四周是全封闭的砖墙，高有十多米，上层是女儿墙形式的垛口，还能看到那一个个的更楼、眺阁，仿佛是城墙上的敌楼，显得很有气势。

乔家大院中最大的是一号院和二号院，布局形式是祁县一带典型的"里五外三穿心楼院"。其实一说就明白，就是里院的正房、东西厢房都是五开间，外院的东西厢房却是三开间，里外院之间设穿心过厅相连。除了厢房、倒座、过厅、正房都是二层楼房，这就是"里五外三穿心楼院"。

一号院紧靠大门，是乔家大院最早的院子，院子的前面是一个横长方形的倒座院，倒座院的房顶是平顶，沿中轴线死胡同一侧设女儿墙。冥契自然，而又韵味醇厚。

正对倒座院大门的是一个"福、禄、寿"高浮雕的砖砌照壁，照壁上有松鹤等动植物图案，主题明了而不庸俗，画面瑰丽而不浮艳。照壁上还设有一个神龛，更显得曲婉深沉，变化有致，给人一种跌宕起伏的感觉。

一号院的院门对称庄重，章法井然，在门楼内设置一对石狮子，石狮子造型生动自如，

从祁县电视塔上俯视祁县县城，可以看到一片青砖青瓦的房子。单坡屋顶、平屋顶及纵长方形的院落，构成了祁县民居的强烈特色

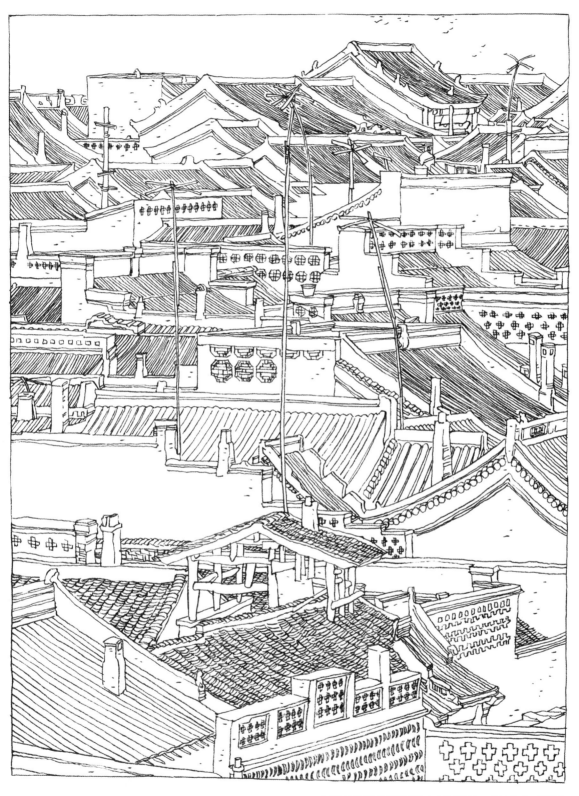

山西民居有自己的强烈特点：砖墙瓦房、单坡屋顶、常设女儿墙、房顶上多设烟囱等

神完气足。从这个院门开始，向里的地平线逐一抬高，到最尽头的正屋还要上许多级踏步，符合风水术"前低后高，子孙英豪"的说法。

一号院的前院，两侧的东西厢房在檐下都暴露内部的木结构，这种处理方法称为露檐。如果砖一直砌到顶，称为封檐。中国民居基本都是木构架承重，而外砌的砖墙只能起到空间围护作用，所以，民间有"房倒屋不塌"的说法。从房子的正立面还可以看出，南方民居的正面常为一排隔扇门窗，而山西民居不设前廊，窗子多使用支摘窗，门窗面积不大，砖墙占了很大的面积。

所有的院落都有正偏结构，乔家大院的正院为主人居住，偏院是客房、奴仆住室和灶房。偏院和正院设门相通。在建筑上偏院较为低矮，都是平顶房。主院的东西厢房与倒座都是单坡顶，水向院子里流。

山西民居的特点之一就是单坡顶，屋面向里倾斜，这样，单坡顶背后的高墙

祁县民居立面（一）

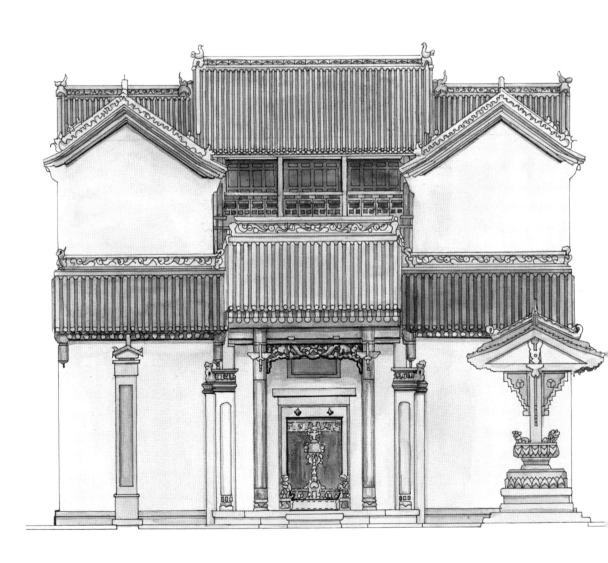

对准院外，墙体高大，具有防御性。山西、陕西一带气候干燥，冬春季常有大风。外墙的高大具有封闭性，也可以防风。再就是北方民居多为抬梁式木构架，单坡顶的房子，比较容易选择梁架的木料，不需要又粗又长的大木料。单坡顶的住宅已成为当地的一种习惯。所以，即使大户人家很有财力，也是建单坡顶房子。

有意思的是，祁县单坡顶的房子都是船侧反曲的屋面形式，这和中国传统的凹曲线、西方常见的凸曲线屋面都不相同，更具有地方特点，也更让人感到新奇。

就平顶房和坡顶的功能来看，没有多少差别。平屋顶上有很厚的三合土，冬暖夏凉。其主要是等级上的差别，单坡顶的高度大大高于平顶屋，能显示出房主人高贵的地位。偏院的地平线也略低于正院。从偏院仰视正院的建筑，有天幕低

祁县民居立面（二）

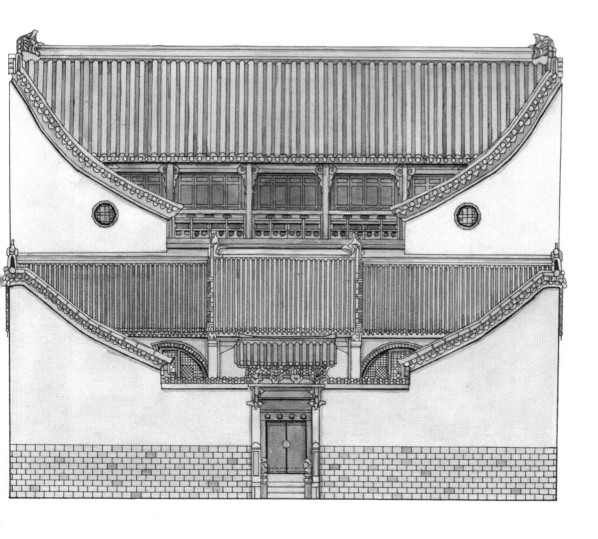

垂、建筑高耸之感，有一种逼人的气势，用居住的建筑形式，突出了人与人之间的地位差别。

偏院通往正院的门，门闩在正院，这也是主人管理仆人的一种象征。从偏院看，通往正院的门装饰精美，华丽奢侈，给人一种震撼。乔家大院的装饰雕刻常以素色出现，远看十分沉着，近看不失细节，耐人品味。

乔家大院和山西其他民居一样，都是东西窄、南北长的纵长方形庭院，这和四方四正的北京四合院，以及东西宽、南北狭的四川民居庭院都不相同。

乔家大院最有特点之处在于人能上房顶。房顶从一个小暗间上去。上去以后，所有的房顶都能去，房顶上的道路主要是为更夫设计的，有的道路很窄，要小心翼翼才行，当屋面高度不一致时，设置踏步以方便更夫行走。乔家大院的房顶上还设有更夫楼，更夫楼为卷棚顶，尽管尺

正对乔家大院大门的是一面照壁，上面刻有一百个字体皆不相同的"寿"字，名为"百寿照壁"（右图）

乔家大院是祁县乡间民居的典型代表，现已成为民俗博物馆。大院由五组院落构成，下图为其中一个院落的入口

度不大，却设计了许多细部。更夫楼的设置，方便了更夫在楼上的生活。更夫在楼上巡视，既能看到外围的情况，又能看到各个院落内的情况。道路曲曲弯弯，上上下下，平房顶随便走，但单坡顶都留有一条窄窄的道路，外侧还设矮的女儿墙，防止人摔落。

从房顶上还能去各个供平日观景的眺楼，也能去几个院落的二楼（二楼不直接通本楼楼下）。大门上的城楼是上房顶暗室的必经之路，上下楼都要经过这下面的一条漆黑的通道楼梯。平顶房都是铺的方

砖，估计砖下面铺着石灰、米汤、红糖等做的三合土。

在乔家大院的房顶上，会感受到比比皆是的韵律感。这种韵律感在由低到高、由高到低的起伏变化中，起承转合，抑扬顿挫，在反复、交错、连续、间歇、平衡中得到淋漓尽致的体现。

到房顶上最有意思的是看烟囱，几十个烟囱有的做成小房子，有的做成小亭子，各不相同。我仔细看了一下确实佩服，最近处的一个做成房子形式，上面连门窗结构等都用砖雕的形式做得惟妙惟肖。

这样的大院落，其砖雕木雕等比比皆是，令人眼花缭乱。当然了，每一个雕刻单元都有其民俗的说法，每一个画面都是一个故事。

祁县城里的许多民居，从建筑规模的大小到细部装饰的精美，都要超过乔家大院。走进县城，优美的民居触目可见。祁县县城的街道上仍能看出当年豪门显富争竞豪奢，追逐富赡的场面。在通衢大道与小街曲巷里，耸立着画栋飞檐的华美建筑。

走进祁县古城，会自然感到一种古风，临街的店肆都是老门脸。南方临街店肆常使用门板，营业时把一块块门板取下来，形成一个开敞的营业空间，而这里的店铺多为大门扇，也有用隔扇门的，门板不能取下来。从店铺的立面看也与南方不同，南方多为木结构暴露、二楼向外出挑的楼房形式，而这里的店铺立面都是砖门脸，常见是中间设门，两边设两个窗户，其余部分都是砖墙，有一种北方民居的厚实感。

有些店铺在中间大门的上部设置一个门

乔家大院的建筑装饰细部很多，图为房顶上的烟囱，尽管烟囱在房子的上部，人们在下面根本看不到细部处理，但还是布满装饰

楼，门楼做得很大，下面还有斗拱等木雕装饰，二楼的窗户不大，整体上是清一色的灰砖墙，最上部也不露屋檐而是砖墙到顶。上部沿墙顶处常用砖镂空砌成"士"字和"吉"字，表示房主人追求做官和吉祥的愿望。

传统的南方城镇都有河道，所以道路不宽，而北方传统城镇主要街道都比较宽，现在，祁县古城的街道上，马车还是主要的运输工具，那马蹄的嗒嗒声，使古老城镇的情调更加浓郁。与乔家堡不同的是，城内的民居多为楼房形式，而且空间序列的组织更为奇妙。

县城内的传统民居数量很多，有名的大院就有四十几个。民居的大门都是门楼形式，但设计各有不同，臻极神

乔家大院由于院子多，所以门自然也多，各个门的设计都具有自己的特点，其风格的共同点是装饰繁缛，雕刻精细

妙。等级高的大门前设有拴马桩和上马石，而且都有几级踏步和高门槛。斗拱这种殿堂上使用的构件形式，旧时在一般民居中是不准使用的，而在山西民居中却很常见。当然，房主人如果是高官也无可非议，不过，山西不可能处处都是大官。据说用钱可以买到使用权，不仅能使用斗拱，还能在家中建牌楼呢！只是牌楼都藏在院子里面，不能建到大街上去，否则真有点等级混乱了。

山西民居不仅建筑艺术成就高，绘画艺术也十分精到。一户普通民居大门过道墙壁上的壁画，其人物造型，构图章法，运笔用墨，色彩线条，何尝不是一流水平？如果在某一个庙观里，可能早已成为名作，但在这里，却少人保护。

传统民居的修复费用高，即使有钱，很多高精手艺人也寻觅不到了，许多技术已经失传。祁县民居在巷子两边形成了建筑的"一线天"。在这一线天中行走，会感到压抑，两边高高耸立的砖墙，回响着自己的脚步声，时空在流动，一切都在改变。

乔家大院中有许多个厅堂。其中一个正厅是房主人用作迎宾接客、宴请议事的主要活动场所。正厅建筑结构高大，形体规整，而且装修浩繁，充分体现了乔家的社会经济地位。正面当首是长几，长几上摆放花瓶和镜子，寓"平静"（瓶、镜）之意。大长几前，是一个方桌，左右两侧各设太师椅一把，宽窄有序，层次分明。在大厅两侧，对称布置大量的椅子和配套的茶几、半桌等，格局清晰，布置整齐。室内的堂匾、书画、吊灯、陈设等装饰的渲染，更烘托出了大厅庄严、严肃、宁静的气氛，充分体现了大家庭的封建礼仪

祁县古城的店铺建筑也很重装饰，并且还在屋顶的形式上追求变化

陕西关中民居

关中位于八百里秦川最富庶的地区。由于地势平坦，土壤肥沃，交通方便，因此自古以来，这里的经济就较发达。这里的民居一般都具有平面布局紧凑、用地经济的特点，为院落式的民居模式。它的主要布局特点是沿纵轴布置房屋，组织院落，形成纵深狭长的布局形式。

由于用地狭长，又沿周边布置房间，因而房屋之间的室外空间，自然形成了狭长的四合院的庭院。庭院的宽度，大都由厅房中间的开间尺寸所决定，通常为3米左右。庭院的纵深长度，取决于两边厢房间数。庭院的长宽比，多为4:1，因而形成狭长的庭院。深宅、窄院、封闭是关中民居的主要特点。窄院的优点是：节约土地，遮阳避暑，防沙通风。东西厢房的日照效果虽然差一点，但向院内倾斜的单坡屋顶还是利于早晚的日照入射角度的，所以早晚厢房仍可见到阳光。

从造型上来说，关中民居最大的特点是单坡屋顶。这样单坡屋顶组成的三合院或四合院，外观整齐，就像是一个长方形的盒子，只是顶部凹进，所以很容易并联组合，形成街区，节省土地，而且建筑群的外墙很高，有安全感。街区与街区之间空出的巷道，两侧是高墙，由于屋面向各家的院内倾斜，因此下雨天很少有雨水落在巷道里，方便了路人。由于夯土做成的外墙高耸，有时在墙体上横向排两排薄砖，并有意向外伸出一两寸，不仅增加了墙身的强度，而且防止了雨雪侵蚀墙面。

关中地区民居最精彩的要数韩城市乡下西庄镇的党家村了。

党家村至今已有660多年的历史。最初位于现在党家村村北的土塬下，当时是掘土窑定居的。随着党家村的人口不断增加，全村迁移至今天党家村的位置。明永乐年间，村民请人拟定了村落建设布局，党家村的中心部位，即为当年所定。

明成化年间党氏与山西人贾氏联姻，合伙经商，在河南生意兴隆，据家史载，村中当时"日进镖银千两"。从那时起，党家村成为以党氏为主、党贾两姓共居的村落。两姓的联合，使得财力更盛。有钱了，自然要盖房子，在外面经商见世面多的党家村人，瞧不起关中

陕西省韩城市党家村泌阳堡中的民居及方形的涝池

一带的单坡屋顶住宅。他们专门从河南请来工匠施工，按照中原地区的民居修建，全是两层的四合院。村里四合院建筑的修建在明末清初进入全盛时期，现在村里的许多建筑都是那时建造的。

为什么党家村要将村庄建在塬下，而不是建在视野宽广的塬上呢?村落之所以建在塬下，是因为干旱少雨，这一带农作物的收成主要依靠地下水源。沟谷相对几十米高的塬台上部来说，在水的资源和利用方面自然有利。党家村恰好在一个形似"宝葫芦"的狭长沟谷之中。北侧是耸立如屏的塬，冬季挡住了西北风的侵袭。而村落南侧的塬坡距离村落较远而且升高也较为平缓，这样，夏季的东南风又能顺坡而下，给村庄带来徐徐凉风。村落常年日照充分。尤其是南北塬台之间有一条小河——泌水，从西向东沿沟谷流过，恰好绕过党家村的南侧。党家村位于泌水之北，塬台之南，是古人认为最理想的风水之地。

从较大一点的范围来看党家村，党家村西枕梁山山系，而东面十里开外便是浩荡的黄河。党家村北塬的红黏土与南塬的白黏土黏合力强，冬春季不易起尘土。泌水长年绕流村南，沿河绿树成荫，给人们洗濯、灌溉带来方便。空气相对湿润清新，所以党家村的屋宇看上去一尘不染，洁净如新。党家村冬暖夏凉，四季如春，的确是一风水宝地。

关于党家村"瓦屋千宇，不染尘埃"，当地人还有一种说法，是村东南的文星阁上藏有"避尘珠"。关于村东南的文星阁，其营造的起源也是因为风水原因。民间历来有"取不尽的西北，补不尽的东南"之说。党家村西北方向有高三四十米的黄土塬，是理想的"靠背"。而东南方向是泌水河流出的"水口"方向，理想的风水地，应是河水弯弯曲曲，就似恋恋不舍一样。为使之呼应，"气"不致外

泄，建一座风水塔是十分必要的。清雍正三年(公元1725年)，党家村建文星塔，原计划建七层，后因当地官员认为，一个村庄建塔的话，会风水过盛，因而只准建六层。在旧时，七层为塔，六层为阁，因而文星塔更名为文星阁，三年建成，成为村子的镇村之宝。

党家村的文星阁为六角形平面，其正立面朝向西北方向。文星阁的后面三面均不设置窗户，因而为村里挡住了"气"的外泄。文星阁的外形恰似一支冲天的笔，于是人们在阁内供奉孔子及七十二弟子，这样能保佑党家村的子弟文才兴旺，科举成功。

关中民居鸟瞰

现在党家村有水井四口，水井不仅建有井亭，还设置井神供奉，这四口水井就是基本考虑到了不同的家族成员使用上的方便。党家村的街巷布置有一个很大的特点，就是无论哪条街都不是一气贯到底，在街巷的一端都正对着某座建筑的墙壁。这种"丁"字形的街巷布局，据说是为了防御。党家村的人告诉我，这样的街巷，生人第一次进村后，就很难再出去，所以贼人轻易不敢进入党家村。我对于这种说法多少还是有点怀疑，不太相信。但街巷的复杂多变带来的街景变幻，却是事实。党家村全盛时，有四合院数百座，几十座哨门护卫巷头，天黑封门，村寨就像一座封闭的堡垒。党家村的北侧是高耸的黄土塬，南侧是潺潺流过的泌水河，南侧的防御就成了大问题。人们便在泌水河边修上寨墙，设置哨门，寨墙用砖石砌筑而成。

谈到防御，党家村最值得一提的是在北面的黄土塬上修筑的"泌阳堡"。清咸丰元年(公元1851年)，村中的有钱人家集资一万八千两白银在村后修筑"泌阳堡"，前后用八年时间才建成。人们在堡中建宅院，将家中的贵重东西都放入堡内。泌阳堡南面、西面利用天然的塬崖作为屏障，北面、东面则修建高大坚固的堡墙，只留一个入口在南面，这个入口是在南面塬崖上挖出的一个弯形隧道。从外面看泌阳堡的入口，像是高大城墙下的一个城门，进门后便能感觉它的奇妙空间感。门洞是逐渐抬高的隧道，下面是青石铺地，里面拐一个弯便能进入泌阳堡内。

泌阳堡正中的南面是一个方形涝池，涝池的四周用青砖砌筑成垂直的池壁，并设有台阶以便人们下去打水。涝池的主要功能是在堡内的建筑失火时，有足够的水能扑灭火灾。从泌阳堡上可以俯视整个党家村。假如低头看一下堡墙的下方，更会感到不寒而栗。几十米高的

陕西关中民居正立面

堡坎,垂直上下。当年在冷兵器时代,人们想要攻入这座城堡,是相当不容易的。

党家村民居的院落为纵长方形的平面,也就是南北方向院落阔长,而东西方向院落狭窄。院落大都占三分地,因此当地有"三分院子四分场"之说。从院子的外部尺寸来看,一般面宽为11米,院子的进深长度为22米左右。院子的周围都是二层的楼房。但这种楼房的二层十分矮小,室内也没有楼梯,要进入二楼,需要在院子里面摆放高的木梯子,人从二楼的窗户钻进去才行。所以这样民居的二楼并不住人,只是作为储藏空间或闲置不用。这种上库下宿的形式,当地人俗称"七上八下"。

党家村民居的庭院全部用青砖墁地,只在中心点铺一块石头,当地人称"天心石"。院落的四周高出院落的中心两层砖的高度,这高出的一圈作为走廊,宽度约为80厘米左右。由于屋檐向外出挑不少,所以在无风的情况

下,屋顶上的水垂直流入院落,而不会淋湿走廊上的人。院落凹于四周房屋的走廊,就像一个水池,因此,排水要依靠下水道,埋在地下的下水道是有弯的,当地人认为这样可以串钱,不会使财气漏走。尽管各地都有四合院,但民间对其释意各地不同。党家村人说,四合院的厅房为主人,大门为客人,只有设计合理的四合院,才称得上是"贤主配贵宾"。有的四合院有前后两进院落,从门房、中房到最后的厅房,屋脊一个比一个高的话,叫作"连升三级",表达了旧时党家村人望子登科、连中三元的愿望。在许多地区,东西厢房的门窗并不完全相对,一般都是东厢房的尺度略大,以突出"左"的尊位,但党家村民居的厢房都是三开间或五开间,东西厢房的门窗相对,当地人认为"门窗相对夫妻合"。

党家村民居是用四合院最南端的倒座房和四合院最北端的厅房遮挡住东西厢房前后山墙

陕西关中民居剖立面

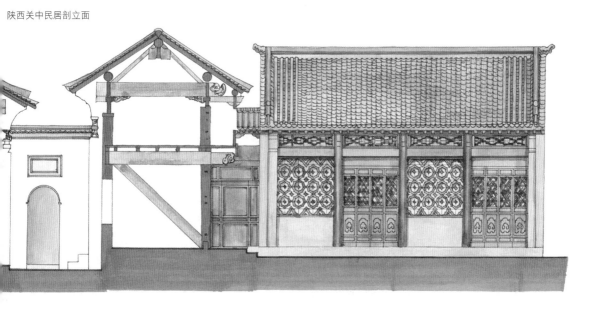

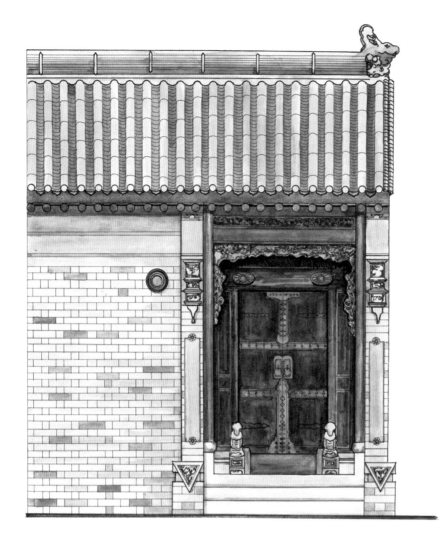

上｜陕西关中民居门头
下｜陕西关中民居二门立面

的，在东西厢房南北山墙与倒座的北檐、厅房的南檐之间会留有一点空隙，考究的院落会在这里加一个窄窄的屋顶。当地人称这个小屋顶为洞槽，使山墙与屋檐之间雨天不漏水。这样四合院一圈的四檐加上四个小洞槽，下雨时雨水从八个屋顶上落地，俗称"四檐八滴水"。

官宦人家，大门不像普通人家设在院落的左前方(厅房朝南的院子，大门即在东南方向)，而是设在院落的中轴线上。大门前方增设旗杆斗子，进士家为双斗旗杆，举人家为单斗旗杆，俗称这种院为"旗杆院"。由于大部分人家的大门都在院落东南角，按照后天八卦，大门在巽位，所以当地有一首民谣："南楼北厅巽字门，东西两厢并排邻，院中更栽紫荆树，清香四溢合家春。"描写了人们理想的住宅形式。

书香门第的四合院，为了不让牲口进宅院，专门在正院的旁边或前边设一个马房院，给佣人居住，这被称为"四合院跨马房"。厨房与厕所的设置也很有规律。假如院落朝南时，灶房一般都是设在东厢房南端的一间，厕所则设在倒座房西端的一间，俗称"东起西落人丁旺"。党家村民居的厢房出檐很多，有的

陕西关中民居砖雕

党家村全景，文星阁矗立在村子的东南方向，弥补了风水上东南方向没有高的地势进行遮挡的不足

典型的陕西关中民居：土墙、仰瓦屋面、单坡屋顶。土墙的墙体上横向排两行砖，并让砖从土墙向外伸出一些，以防雨水冲刷土墙的下部。上下图展示了关中民居两种不同的入口设置方位

泌阳堡的入口在南面正对党家村的方向，就像是一个城门，门内是一条弯曲并不断上升的隧道

党家村某宅的漏明墙，大小呈阶梯状排列，图案精细

设檐柱，有的不设檐柱，但厅堂都在前方设檐柱。檐柱是圆柱子，而内侧与门窗墙壁齐平的"金柱"则为方柱子，这种内方外圆的柱子，寓意做人处事，在家要严于律己，在外要圆通待人。

在许多人家的门口影壁处，都有大幅的砖雕。有一户的主题是"喜禄封侯"，利用动植物名称的谐音组成画面，"喜"是喜鹊，"禄"是梅花鹿，"封"是马蜂窝，"侯"是猴子，画面中还有大株的松树，象征长寿。另外，吉庆有余也是使用较多的装饰题材。画面中的戟代表"吉"，曲尺形的磬代表"庆"，方形的酒杯酉代表"有"，鱼代表"余"。

党家村还有一个特点，就是门楣题字，既大又精美。传统的门楣题字内容丰富多彩，寓意深刻，文化气息极浓。四合院的门楼上，许多人都在炫耀自己家庭的官衔和地位，如

右上｜泌阳堡南侧城门通道的内景。城门内是一个极有防御能力的村庄

右下｜大门是民居的脸面，旧时人们都极其重视大门装饰，富有人家的大门当然是髹饰雕镂、精美华丽，即使是普通人家也要竭尽全力，尽量使之漂亮

左｜党家村的民居院落为纵长方形平面，也就是南北方向长，而东西方向窄

党家村民居一般都是两层楼房，但楼房的上层不住人，一般也不设窗户只设有板门，人需要架梯子才能进入。一般楼上只是存放一些平日不用的东西。由于有两层空间，所以楼下冬暖夏凉

党家村民居中个别的建筑也有例外，二楼不仅设隔扇门窗，而且还挑出一点小的阳台，但二层空间的高度明显比一楼低矮许多

"文魁""登科""武举""进士第""世进士"，使门楣增辉。党家村的党蒙在清光绪年间曾在翰林院任职，古代称翰林为太史，于是，党蒙家的门楣题字为"太史第"。对普通老百姓而言，门楣题字往往是他们信仰的标志。"安祥恭敬""树德第""诗书第""诗礼第""耕读世业""积善余庆""光裕第""孝第慈""诒谋燕翼""安乐居"等，这些传统格言、人生哲理，既是盖房人的理想生活，也和四合院一起，成为子孙后代的财富。

这些门楣题字多为名家所题，或楷或行，苍劲刚健，流美飘逸。党家村民居宅院内的一些砖雕家训也哲理丰富。"富时不俭贫时悔，见时不学用时悔，醉后失言醒时悔，健时不养病时悔"就是其中的一例。

党家村的中心是一座高耸起来
的看家楼，对全村的安全起到
监视作用

▌窑洞民居

  中国传统民居中大多数的建筑都是木构架的庭院式住
宅，不过除此以外，也有一些例外的形式，窑洞就是这例
外形式中的一种最为独特、最具地方特色的住宅。

  中国的窑洞民居在形式上可以分为三类，一种是人们
常说的那种窑洞，在黄土坡上挖一口窑，平着伸进去，这
叫作靠崖式窑洞。另一种是在平地上向下挖，挖成一个凹
的大院子，再向这个院子四周挖窑洞，这叫作下沉式窑
洞。还有一种是在地上用砖砌，券成一个窑洞形式的房
子，这叫作独立式窑洞。独立式窑洞当然是窑洞中最高级
的一种，也是建筑造价最高的一种。独立式窑洞实际上就
是现代建筑中的覆土建筑(掩土建筑)。

黄土高原最为常见的是靠崖式窑洞。靠崖式窑洞就是在黄土坡上开挖的窑洞，主要出现在山坡、土塬的沟崖地带。窑洞靠山崖挖进去，前面有比较开阔的平川地，从侧面看，这种地形很像靠背椅的形式。靠崖式窑洞主要分布在甘肃、山西、陕西、河南四省，而其中数量密集、最有代表性的要数河南和陕西两省。

河南省有代表性的窑洞是康百万庄园，康百万庄园离巩义市很近，在城西三公里邙山脚下康店镇，和县城相隔一条伊洛河。

庄园共有靠崖式窑洞七十三孔，许多窑洞都是被作为四合院当中的正房来使用的，而院落中的东西厢房却是硬山顶平房，这说明窑洞是受到康家喜爱的，也被康家看作是等级最高的建筑。

尽管康百万庄园是经过历代陆续营造，但总体布局的关系很完整。尤其使人感到佩服的是，营建者能随山坡顺势巧妙地利用自然地形，使每个四合院都有窑洞存在。布局上沿袭了传统的四合院，但又能随地形条件安排出变化丰富的多进院和并连院，使人能在空间序列的变化中感受到一个又一个不同的院落。

最典型的是里院和新院，院的东西两侧建楼房，正面山脚崖壁上筑砖砌窑洞三孔。正中的一孔最高最深，窑洞是两层的，中间设置木制栅板，这也是康百万庄园中最大的窑洞。庄园中最高的窑洞内部为三层。

康百万庄园虽然建在黄土山坡上，但规整的砖砌墙体多，而土、石的墙面很少，加上房屋各处细腻的砖雕木刻装饰，色彩深沉富丽，庭院中又种一些名贵的

窑洞民居鸟瞰

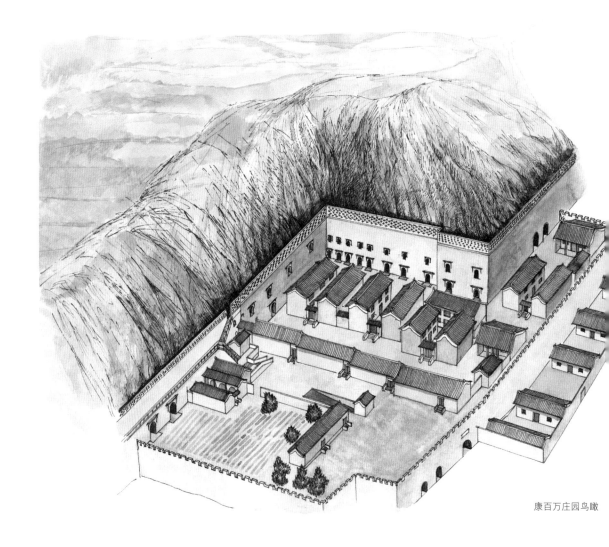

康百万庄园鸟瞰

树木进行了绿化,使得建筑艺术风格更多了几分豪华。康百万庄园确实是全国窑洞民居中的精品。

陕西省最有代表性的窑洞要数米脂县桥河岔乡刘家峁村的姜耀祖窑洞庄园了。姜耀祖窑洞庄园修建在陡峭的峁顶上,具有上、中、下三层院。它是一个有几十孔窑洞的建筑群落,门外是18米高的悬崖,崖上筑以城堡,城堡东北角布置角楼,城垣上面还有碉堡。进入院落要先上一个大陡坡,进入拱形的堡门,然后穿过弯曲的隧道,就可来到管家院。不进管家

院,再穿过一个倾斜的隧道,就能到达正院。如果要到宅子外围的土悬崖上,还需再穿过一个倾斜的隧道。这是宅子的一套防卫体系。正院与下面的管家院,也有暗道相连。暗道是隧道形式,里面是陡直的台阶,由于便捷,现成为院内居民爱走的近路。

姜耀祖窑洞庄园在总体规划构思上,完全利用了地形,融于自然,宛如天成。当我进入庄园的洞堡门,爬越陡峭的蹬道时,感觉是在攀登古城镇中的城楼。进入一个院落,拐弯再进入另一个院落时,一下子感到豁然开朗,别

有洞天。这种步移景异之感，如同身处园林一般。最后进入正院的前庭，迈过石刻的月洞门，那空间序列的变幻，使人心旷神怡，心中暗暗赞叹。正面是高高在上的垂花门，门的两侧各有一个神龛，一边是灶王爷，一边是土地爷。登上垂花门，便进入雕琢精致的窑洞四合院。

姜耀祖窑洞庄园的这种层层跌落的庭院，细部十分精到，不谈那月洞门上让人赞不绝口的石雕，就是管家院几个用巨大整石料雕凿的牲口槽，都吸引我反复玩味，为这偏僻之地有这样的艺术品惊叹。姜耀祖窑洞庄园的建筑构思是先抑后扬，收放兼得，一般山岳中的古刹寺观，也难有这种古朴苍劲的意境。

这个宅子有一百多年的历史了，窑洞内空间的利用很好，到处是壁橱和暗橱。

姜耀祖窑洞庄园和康百万庄园在防御体系上非常接近，但建筑形式却不相同，姜耀祖窑洞庄园除正院的前院

有几间平房外，其余都是窑洞，不像康百万庄园内平房占有很大的比例。再就是姜耀祖窑洞庄园的窑洞大多数是掩土建筑，是用砖发券后又重新覆盖的土，而康百万庄园的窑洞是地地道道黄土崖上掏进去的靠崖式窑洞。

谈到传统的独立式窑洞，最好的要数山西省平遥县了。平遥民居的大门一般都设在院落的前左侧，换句话说，当院落朝南时，大门设在东南角，当院落朝北时，大门设在西北角。走进院子一看，院子是长长的一条，最顶头是正房，院子的两侧是厢房，背后是倒座。正房一般是三开间的独立式窑洞，当地人称为一明两暗。厢房和倒座是单坡房顶。

从明代起，许多平遥人便外出经商，致富返乡后，便在自己故里纷纷大兴土木。他们不但要舒适，而且还要华丽、坚固。民居的正房都是灰砖砌筑的窑洞。正房的当中一间用隔扇墙分隔一下，隔扇的内侧为祖堂。隔扇墙的艺术风格大都烦琐华贵，体现了重技巧的审美思

康百万庄园由房屋和窑洞混合构成，比较值得一提的是，康百万庄园的窑洞都是两层楼，这是比较罕见的

想。沙家巷三十三号宅的室内隔断墙，华艳富赡，一看就是清代中叶的建筑装饰风格。

　　平遥民居的正房由于是窑洞，所以多为平顶。平顶房子的高度往往还不及两侧厢房的房顶高，因此，常常在正房顶上作一些处理。譬如，在正房顶上设置一个小楼，这种小楼并不住人，只是一种高度象征。

　　正房为五开间的窑洞在平遥并不多见。位于新堡街十三号的一处窑洞，是正房五开间的窑洞。这个房子已经住了五辈人，至今已有一百多年的历史。

　　五开间的窑洞和三开间的一样，人必须从中间的窑洞进入，两侧的房间靠前面窗口处设炕，炕前都有一个小炉灶，平时烟火在炕席下的烟道曲折通过，但如果嫌炕太热时，可以堵住烟道，烟就直接从烟囱冒走。炕上的一头放置炕橱，炕橱都做工精细，用来放置衣物。室内墙上还设置大小壁橱，作为储物之用。

　　新堡街十三号炕上的衣橱，造型厚重，有强烈的北方家具的特点，衣橱上的金属配件也十分精细，与家具形成统一的风格。窑洞两

侧房间的墙壁上还各有一个较大的壁橱门，打开一看，原来是通往顶端房间的门。这种设计构思真是精巧，关上门时，以为只是一个壁橱，与其他壁橱的装修风格一样。打开以后，里面却是一个房间。进了两端的开间，房屋的进深是一样的，但宽窄和高低的尺寸要小一些，感觉非常私密。

独立式窑洞和开挖的窑洞室内感觉是一样的，上面是拱券，后墙不开窗。但房前设檐廊，檐廊和窑洞的门窗自然是装饰的重点，平遥独立式窑洞的檐廊门窗装修普遍雕刻复杂，非常精细，在窑洞中是少有的。

在窑洞的两侧或左侧(站在正房看倒座时的左侧)都有用砖建的踏步，可以登上正房屋顶。踏步下面用拱券的形式做成空间，用来储物。

没有到过平遥的人都会猜想，窑洞是贫困地区的居住形式，人们甚至一说到窑洞就想到贫穷。可来到平遥后，这种观念会立即改变，因为平遥民居在全国是佼佼者，而窑洞在平遥都是作为正房的形式出现在院落中，只有祖堂和长辈的卧室才设在窑洞中。

窑洞冬暖夏凉，没有噪声，而且建筑坚固，比木结构的房屋更抗地震，这些优越性是使人们喜爱的主要原因。那么，厢房为什么不建窑洞的形式呢?在调查中，我了解到，这主要是经济能力的限制，人们盖不起这么多的窑洞。如果家里有钱，还是乐意把厢房建成窑洞的。

仁义街四号院是一个相当富丽豪华的宅第。大门设在东南角，平遥民居的厢房多为六开间或九开间，这样院子就变成了狭长的形状。为了丰富序列空间，考

窑洞是自然图景和生活图景的有机结合，渗透着人们对黄土地的热爱和眷恋之情。窑洞是中国最古老的居住形式之一

窑洞民居立面

究的院落常在院子中间再设置一个中门，使院子变成里外两个。中门的尺度都很高大，做成门楼或垂花门的形式，装修缜密。中间的两侧墙上一般都设置神龛，供奉土地爷和灶王爷。

仁义街四号院内有两座中门，使狭长的院子变成了三个基本方正的小院，中门都是门楼的形式。尽管已经相当旧了，漆涂彩绘已变成了一片黑色，但韵味犹存。

这是一座名副其实的深宅大院，临街大门甚是堂皇，大门内为跨山式照壁，进入院落后忽然显出垂花门，进入垂花门就是威慑肃穆的中门，进入中门后才是后院。最后一座院是一个正房五开间、厢房三开间都是窑洞的院子，为一个一明四暗和两个一明两暗相围合的空间。

经正房旁边的砖砌踏步可以上到房顶。由于厢房也是平顶，所以正房、厢房顶上都能去。房顶上除了有火炕的烟囱高出房顶外，一圈

窑洞在中国分布很广，按窑洞分布的密集度来划分，可分为六个地区：冀北窑洞区，宁夏窑洞区，豫西窑洞区，晋中南窑洞区，陕西窑洞区和陇东窑洞区。图为陇东窑洞区的甘肃省合水县某村，我们看到有的窑洞设在四方形的凹地里，形成窑洞院

都有女儿墙，使人有安全感。有趣的是平遥民居的正房房上都有砖砌的照壁，这是因为窑洞式平房的房顶高度不如单坡顶屋脊的高度高，所以设置照壁作为一种象征性，一方面提高了正房的高度，另一方面表示遮住了后面人家的视线。其实，后面人家是看不到前面院内活动的。

"进村不见村，树冠露三分，麦垛星罗布，户户窑洞沉。"这是人们描述下沉式窑洞的一首民谣。

下沉式窑洞，就是在黄土塬上向地下挖一个凹下去的院落，然后再向四周掏出几口窑洞，这种窑洞从远处看不到，就像是平地一样，只有走近才能看到地上一个个的凹坑，向坑里一看，下面是一户户的人家，正因为如此，人们才编出了前面的那四句打油诗。下沉式窑洞是窑洞中最为奇特的一种。

如果是第一次进了下沉院，感觉真是不一样。四面都是窑洞，有厨房、磨房、卧室、仓库，还有牲口房，最奇特的感觉是天空在上面就这么小，这不由会使人想到坐井观天这个成语。

我去山西省平陆县考察民居时，正值六月初夏，外面已热得使人

平遥县仁义街四号院内景，建筑十分豪华富丽，不仅正房是五开间的窑洞，而且厢房也是窑洞

受不了，可走进房间，真是凉快，越向里越凉，坐的时间长一点，感觉需要加衣服。房主人告诉我，夏天从外面回来，要先在门口小站一会儿，等汗尽了才能进窑洞，夏天在窑洞中睡觉也要盖被子。同平遥的独立式窑洞一样，火炕也是设在窗口的，由于门和窗都是在一面墙上，所以，炕都是纵向安排的，留出五分之二的地方作为门的通道。

我摸了摸炕上的褥子和被子，感觉是潮的。房主人说，每年夏天有两个月最潮，物品都是湿的，所以住窑洞的人家，都在炕的对面靠近门的地方放桌子，上面放收音机、电视机等电器，因为靠门口的地方，相对干一些。桌子和炕之间，是门的通道。

我从朋友手里接过一根香烟放在门上面，蓝色的烟雾飞快地被吹到窑内，形成一条烟带。我让房主人看，当我把香烟放到门下面时，烟被吹向外，消散在院内的空气中，这是室内外温差大所造成的自然现象。空气的不断流通，带来空气中的水分，而在窑洞内遇冷后就会变成潮

独立式窑洞为平顶，固然房屋不会太高，为了提高正房的高度，人们在房顶后部的女儿墙上再建影壁，以作为一种庄重的象征

下沉式窑洞

上｜下沉式窑洞是中国民居中十分特殊的一种形式，这种民居在二十年前曾经分布在中原、华北、西北等许多省区，但近年来由于各地政府认为下沉式窑洞是落后的象征，因而鼓励农民建地上房屋，导致下沉式窑洞的数量急剧下降，现在这种窑洞已比较罕见

下｜下沉式窑洞有许多种不同的形式，有的窑洞门口用砖砌，有的不用，有的窑洞院四周的上方砌女儿墙，有的窑洞院四周的上方没有女儿墙

气，并且在物体上以微小水珠的形式出现，所以说潮气主要是由于室内外不同的温差造成的，就像冬天窗户上的玻璃会出现水珠一样。

平陆县一般一个院挖六口窑，北面要么挖一口窑，做祖堂和会客厅；要么挖三口窑，除祖堂外，两侧为长辈居住。一般一个窑院住十口人左右。窑院一般比地面深下去10~11米，每孔窑的纵向深度平均在11米左右，高度是3~4米，宽度也是3~4米。窑院的上部一圈都略比平地抬高一点，有的设矮的女儿墙，入口处也略比平地抬高一点，这样地面上的水不会向院内流。窑院内所承受的雨水仅仅是窑院上部那块天空的雨水，所以水量不大，且黄土地区降雨量小，没等地皮湿，雨就停了。要真的遇上多年不遇的大暴雨，院内还有渗井。

按风水，渗井一般都设在院内的西南方向。渗井的上面盖着一个碾盘，盘的下面是一个深十几米砖砌的井，如果有大雨来，就掀掉碾盘，水一流下去就渗走了，还没听

下沉式窑洞院的入口各式各样、类型繁多。许多地区在院门的方位以及院门斜坡通道的拐弯形式上还有风水讲究

说过谁家的渗井淹满过。

据抽样统计，在同等生活条件下，住窑洞的人，平均寿命超过住平房的人六岁。

的确，老人们喜欢窑洞，也信奉风水，我在平陆县西侯村最老的一口窑洞门上看到，门扇上贴着一张黄纸，上面写道："新春正月

下沉式窑洞的室内布置规律是：写字台、炕都设在门口，而厨房的设施都设在里面。图为从窑洞的里面向外看

下沉式窑洞院的厨房内景

二十三，太上老君去炼丹，家家门上贴金牛，一年四季永平安。"

院门口的照壁上还设有土地神。房主人说，他家的窑洞是全村最老的，究竟有多少年也说不清楚了。以前不大，后来感到风水好，就将洞扩大。现在这口窑洞也是全村最大的一个。我们量了一下，窑洞高4.25米，宽5米，深18米。一口窑洞就有90平方米，真让人吃惊。房主人说："洞越老越好，越老的窑洞越干，而且几十年不塌的窑，就是风水好的窑，俺家这口窑，由于风水好，才扩大的，现在也住得挺好。"

窑洞如果选的地点好，就是上百年也不坏，比砖房的寿命长多了。当然，如果土质不好、地点不好的话，一旦窑洞上面有裂缝，下雨天水渗到缝里，那可就危险了，窑洞会毫无预兆地忽然坍塌，把人埋在里面，尽管这种事不多，但都听说过。所以，窑洞一旦有裂缝，人们就用土坯把这孔窑封上，以免出事故。

近二十年已经没有人再建新的地下窑院了。下沉式窑洞越来越少，这种传统民居的形式在逐渐消失。有位老农民感慨地说："我从小就长在窑洞里，我住不惯砖房，夏天热得睡不着觉，而且房子太

窑洞防火、防噪声、防辐射，冬暖夏凉，节省土地，经济省工、不需要维修费用，使用时间长，是因地制宜的完美建筑形式。因而在许多地区被人们广泛采用。人们还在地上用砖或土坯建成窑洞式的房屋建筑，因为这种建筑同样具有窑洞的一些优点。图为山西省平遥县沙家巷某宅，这就是建在地上的窑洞院落，而且装饰优美

延安市是中国窑洞布局较多的一个地区，目前90%以上的住宅形式仍为窑洞

小，一间才十几平方米，我这儿哪一口窑都是三四十平方米，多宽敞啊！我这辈子还能住窑洞，以后的孩子就享不了这个福啦！"

与中国窑洞具有悠久的历史相同，突尼斯的吕基亚地区在二世纪时就建立了地坑式窑洞，当时还是腓尼基人控制着整个北非海岸，这里是古罗马人的殖民地。而现在，这地区是柏柏尔人(berbers)居住，仍有地坑式窑洞(Matmata Troglodyte House)存在。

突尼斯的地坑式窑洞现在已经不多了，大都作为旅游参观使用，而中国的下沉式窑洞分布在这样大的一个地区，按照美国宾夕法尼亚州立大学建筑系吉·戈兰尼(Gideons Golany)教授的评论："中国的住房较突尼斯马特玛塔（Matamata）地区的住房稠密。为了农业用地，必须对土地单元进行很好的空间组织规划。中国的住宅更紧凑，空间规划组织好。"

中国传统建筑的形式多为木结构、大屋顶的形式，形式比较单一。而下沉式窑洞突破了单一的木构架形式，作为世界上极其稀少的一种建筑形式，也作为一种文化遗产，一定要让更多的人、让我们的后代还能再看到。

地下建筑的优点在于，没有每隔10~15年就要翻新屋面的工作，不必考虑风、冰雹、雨、雪或其他自然因素的侵袭。采暖或制冷，比普通房屋要省1/2~2/3的费用。防火也好，火灾向临近房屋蔓延的机会少，抗地震性能强，

由于自然环境、地貌特征和地方风土的影响，窑洞形成各式各样的形式。但从建筑的布局结构形式上划分可归纳为靠崖式、下沉式和独立式三种形式。靠崖式窑洞有靠山式和沿沟式。在山坡高度允许的情况下，有时布置几层台梯式窑洞，类似楼房。图中上图为陕北米脂窑洞，下图为河南巩义市窑洞

延安市安塞县农村窑洞内景

还能防御放射性物质对人体的侵害，在很冷的天气，也不会有水管冻结和冻裂的问题。另外，还不受交通噪声和邻居噪声的干扰，给居住者提供隐私的环境。建筑的寿命长，使用费用低，而且地下建筑的地板比地上建筑的地板能承受更高的荷载。还有一点是人们常常忽略的，就是地上建筑所形成的"建筑森林"，破坏了大自然的面貌，而地下建筑能保持自然的美景。或许将来的某一天，世界上绝大多数人都会再回到地下住宅的居住方式中去的。

皖南民居

　　皖南山水翕聚，错落在峰峦叠翠、绿水萦绕的优美景致中的古村落，历经千百年的发展，人们独具巧思地建构出天人合一的徽州村落风貌。皖南民居极重环境，村头巷尾常常开渠凿塘。水边的古树，半枯半荣，苍翠欲滴；绿荷摇曳，群鸭戏水，像是一幅图画；一座座民宅倒映水中，动静相宜，空灵蕴藉，给人一种旷远清丽的美感。皖南民居的巷子很有特色，巷子两侧是高高的实墙，墙顶端是形式多样的马头墙。

　　皖南民居的村落布局也很有特点。中国的大部分村落选址都是负阴抱阳、面南而居，但也有例外。绩溪县的石家村，是一个以棋盘为平面布局形式的村落。石家村人是北宋开国功臣石守信的后代，村落建于明代，整个村落的民宅全部都向北筑。当地的老年人说，门向北开是为了不忘始祖石守信来自河南开封。民间有"徽家门不宜北向"之说，那么大将的家族怎么还开门朝北呢？这是因为石守信年轻时为大将，中年时，自请解除兵权，累任节镇，不再从戎。而且石家村建村是石守信死后三百多年以后的事情，所以不再忌讳。

　　对于棋盘街民宅全都面北而居的原因还有一种解释。风水术中讲究五行，五行又有多种分类，按照正五行，其口诀是"南方火、北方

皖南村落的民居粉墙黛瓦，构成一帧疏密有致的图画

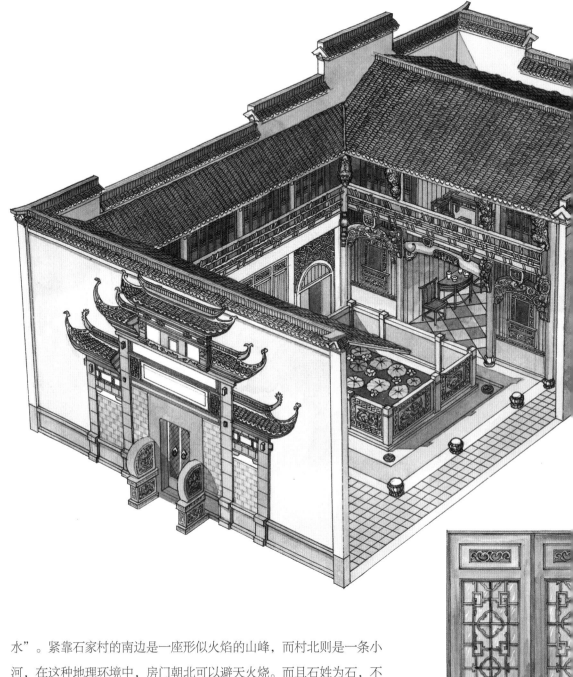

水"。紧靠石家村的南边是一座形似火焰的山峰，而村北则是一条小河，在这种地理环境中，房门朝北可以避天火烧。而且石姓为石，不怕北风刮、阴雨打。

石家村的巷道整齐方正，笔直对称，纵横相交，形似棋盘。村落的中心是石氏宗祠，好比帅府，而民宅住房好像一枚枚的棋子。据说宋太祖赵匡胤酷爱下棋，常与石守信对弈，石姓为纪念先祖，因此建棋盘街。

左上｜皖南民居鸟瞰（一）
右上｜皖南民居立面
左下｜皖南民居窗户
右下｜皖南民居门头

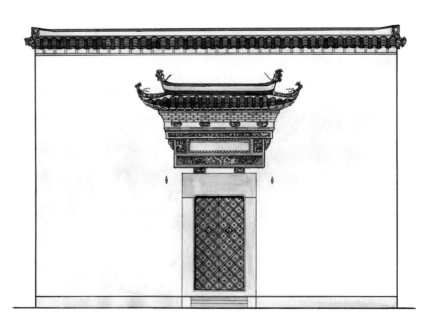

皖南民居鸟瞰（二）

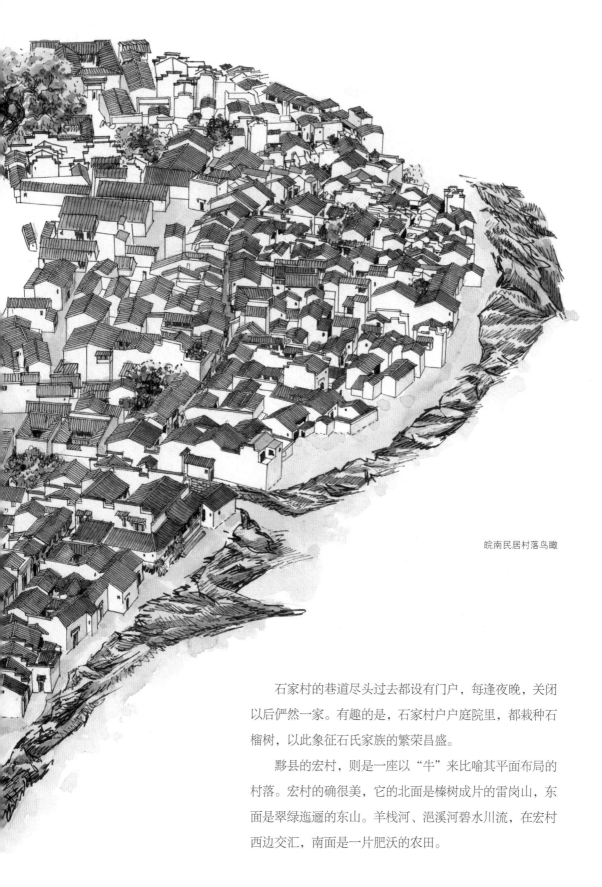

皖南民居村落鸟瞰

石家村的巷道尽头过去都设有门户，每逢夜晚，关闭以后俨然一家。有趣的是，石家村户户庭院里，都栽种石榴树，以此象征石氏家族的繁荣昌盛。

黟县的宏村，则是一座以"牛"来比喻其平面布局的村落。宏村的确很美，它的北面是榛树成片的雷岗山，东面是翠绿逶迤的东山。羊栈河、浥溪河碧水川流，在宏村西边交汇，南面是一片肥沃的农田。

在这青山绿水之间，最理想的就是俯卧一头牛了，因为农家生活离不开牛，只要有了牛，这里必然会稻谷满仓。于是，人们便把村落规划为牛形。村落中小溪遍布，清水长流，人们在这里浣衣洗涤，这弯弯曲曲的河道，人们把它比喻为牛肠。宏村的中间，有一个半月形的池塘，人称月塘，这是所谓的"牛小肚"。月塘的四周是一幢幢美丽的民居，水塘如镜，民居倒映水中，情趣盎然。既然有"牛小肚"，那么牛的"大肚"又在哪里呢?原来，宏村的外面有一个南湖，湖面呈弓形，正像是一个牛胃。村外过去曾有四座桥梁，人们把它比喻成四条牛腿；整个村落的民居，就是牛的身体；村外的一条小河，像是一条赶牛鞭，村口的两棵古树，人们说是牛角，宏村真成了一头静卧在大自然中的牛。

旧时的村落，不仅布局讲求风水，而且还要注意水口的位置和处理。流水形似人体脉络，所以叫作水脉，水脉在村头和村尾处时，被称为水口，水口处往往都要做一些处理，以保吉利，种风水树便是一种方法。

右上｜安徽省黄山市徽州区唐模村是一个以河为中心而布局的村落。图为村口处的一座祠堂，坐落在一个两孔的桥上，祠堂的两侧各有一个小门，是村子的入口

右下｜皖南村落，一般都有古木、清溪、石路、方亭、小桥、流水。粗壮苍劲的古木，浓绿茂密的树林，掩映着古老的凉亭、屋宇和牌坊，村落村托在山光水色之中。小桥把清溪两岸接通，村民在溪畔洗濯、小憩

左下｜皖南祠堂正立面

黟县的南屏村水口，除了建一座石桥外，村口保留了一片古树，枝繁叶茂、鸟鸣啁啾。这些古树，都是南屏村的风水树，是一种吉祥的象征。旧时村民婚丧嫁娶，新娘花轿、辞世寿棺都要经过这片古树。这里的村民几百年来都有护林爱树的习惯，无论是七八岁的孩童，还是七八十岁的老人，宁愿到远处的山上砍柴作薪，也不愿动风水树的一枝一桠，可见风水树在人们心目中的分量。

水口还要看水口砂。水口砂是水口两岸的高坡或山冈，水口无砂，则水会直奔而出，表示不吉利。黟县的西递村，整个村落的平面像是一艘扬帆远航的大船，而这个村的水流是朝向西方。顺水流方向看下去，水口有密集之山，如犬牙交错、群鹤相攒、重叠迂回，多达十里。这是一种大吉，表示水流情意顾内，步步回头不肯离去。西递村风水好，过去这个村的村民大都外出经商，普遍成功，正像村庄的平面一样，大船扬帆远航，果然一帆风顺。现在，西递村仍然是皖南比较著名的一个大型村落。据说，西递村有九十九条巷道，每条巷道的景致都不相同，有的巷道窄，有的巷道宽，有的巷道直，有的巷道弯，也有的巷道还带有高差变化，用石级来联系上下。村里的老人告诉我，正是由于西递村像一艘大船，所以村庄才兴旺。

皖南民居的绝大多数都是楼房。有趣的是，明代以前的民居，楼下低矮，楼上高敞。楼下构件外露，不加修饰，楼上则方砖铺地，整砖覆顶。到了清代则反之，楼下高敞，楼上低矮，祖堂、客厅以及主要装饰都集中在楼下，而楼上仅作为闺房、书房和库房等辅助用房使用。

有人推测，元代为了统治南方的民众，在每户驻扎一名元兵，民间称"鞑子"。因为鞑子住在楼下，当地人建房时便有意将楼下的层高降低，而将楼上的层高加高，用来给自己居住。尽管元朝灭亡了，但这种习俗一直保留了三百年。直到清代，人们才将主要用房迁至楼

下，所以明清两代的民居在造型上有许多区别。总的来说，明代的民居建筑最有特点的构件是覆盆础、梭形柱和斗拱等，这些部位留存一些唐、宋建筑遗风，也影响着明代建筑样式的发展。

黟县宏村的承志堂，是典型的清代晚期的民居形式，建于清咸丰五年（公元1855

唐模村是一个极讲风水的村落，村口有一系列的风水处理，包括一个园林，一座牌坊等。图为建筑群最前端的一座有三层重檐的古亭，以及古亭旁边的风水树

年），至今已有160多年的历史，是清末大盐商汪定贵的住宅。全宅有木柱136根，大小天井9个，7处建筑带有楼层，大小房间60个、门60个，占地面积2100平方米。

承志堂在平面上为前、中、后三进院落的形式。前厅的中门平时不开，这样可以起到屏风的作用，只有等级较高的宾客来访，或者是婚丧喜庆才开中门。

前厅额枋背后是卷棚，卷棚向上拱起，一方面作为底层空间的顶棚装饰，另一方面，民间流传着女子不能站到男人头上的说法。卷棚拱起后，二楼的部分楼板抬高，二楼作为闺房，女孩子的活动范围作了限定，楼上的正厅是摆桌迎宾之处，这样可以避免女孩子走到男人头上，据说这样不会造成男人的倒霉不吉利。二楼设一圈回廊环绕天井，并装有花栏杆。这花栏杆还有小的瞭望窗，据说小姐可以从这里窥视楼下的正厅。平日瞭望窗并不重要，但在相亲时就格外有用，小姐可以把来提亲的小伙子悄悄看个仔细。

上｜黟县宏村的中心有一个月沼，池塘平面呈半圆形。池塘边的建筑映入水中，恰似一幅画

右上｜安徽歙县呈坎村是一个有名的大村庄。村口处有一座非常大的祠堂。村中的道路上空往往设有过街楼。图为村口处的一座元代修建的桥梁，桥梁的一头还有一个过桥棚，人们过桥要从这座建筑中走过

右下｜当我们来到皖南古村时，往往会不自觉地受到民居美的感染，如饮醇醪，似醉其中，赞叹其美。图中的民居为典型的清代风格，屋顶上的封火墙几乎将建筑上部的四面包裹。而封火墙的高低台阶状的排列，自然形成一种韵律的美感

上│唐模村的中心是一条小河，民居沿小河两侧布置。沿河民居都将二层窗口下的腰檐屋面延长至河边，这样连成一条由屋面覆盖的街道，使村民免去了日晒雨淋之苦。沿河一侧设置美人靠座椅，人们可以凭栏观看溪水

左上│皖南还保存一些明代的住宅。与清代建筑相比，马头墙相当简单，几乎可以说是没有什么装饰性。它给人们的感觉是肃穆、古朴，从层层下落的屋顶中，我们感觉到节奏的律动，在以横向为主的轮廓线中，我们感觉到恬静

左下│这是皖南歙县典型的清代住宅的外观。月光下，树影婆娑，一个个窗子像闪亮的眼睛，流露出绵绵情思，静中有动，动中寓静，把我们的思绪带入富于诗意的遐想中。建筑物的轮廓似乎非平非平，耐人寻味

仰视房顶，我们可以看到屋面都向内倾斜，这是皖南民居天井的处理方式。这样四面围合的房屋，屋脊在外可以使外墙的高度提高，四周形成防御体系。而屋面向内倾斜，雨水不会流向外面的巷子，雨天便于路人行走，雨水也不会流到邻舍，造成邻里纠纷。居民对于这种形式有一个很好的叫法，谓"四水归堂"，意指聚水如聚财，用俗话说就是"肥水不外流"。

皖南民居有丰富的历史内涵，通过环境、布局、造型、体量、尺度、空间、质感、比例、色彩、装饰等建筑语言，构成鲜明的艺术形象，使我们深切地体会到注重礼仪为先、长幼有序、平和处世、勤俭持家的中国传统伦理思想内涵。

上｜歙县的棠樾村是一个有七座牌坊的村落。牌坊是封建社会一种崇高荣誉的象征。村里的人外出做官有了功劳，可立牌坊；参加科举，取得功名，可立牌坊；人过百岁，成为人瑞，可立牌坊；最多的是妇女贞节牌坊。一座牌坊往往就是一个故事。棠樾的七座牌坊井然有序地屹立在村口的大道上，其中两座建于明代，五座建于清代

下｜皖南民居的厅堂与天井之间不用隔扇门窗相间隔，厅堂为一个开敞空间，由于厅堂的进深也不大，所以尽管皖南民居的天井很小，阳光只能在一天之间的某个时间段射入一会儿，但厅堂的采光还可以

左上｜皖南的祠堂普遍尺寸较大。除家族的宗总祠堂外，过去人们还要建分支祠堂。如黟县南屏村一个村过去就有四十座祠堂。祠堂的形式往往与民居近似，但尺寸更加高大，装饰更加精美

左下｜皖南民居之所以品质高，主要是因为当地人重视经商的结果，人们经商致富以后，回乡盖漂亮的房子。图为安徽省泾县的街道。人们沿街设店，二层住人

皖南民居的外部形体简单，可是一入大门，走进院子，使人印象为之一变。楼下、楼上处处是木雕装饰，花纹有的简洁秀丽，有的复杂细致。图中左图为皖南民居的天井，右图为檐廊处彻上明造的处理方式

许多民居都是前店后宅，或楼下店铺、楼上住宅的形式。丹楼如霞，堂轩似锦是清末以后店铺的一个特点。为使店铺生意兴隆，建筑形式百态横生，骤见惊绝。图为屯溪古镇的一家国药店，室内布置在灯光的作用下显得神奇瑰丽，韵致流溢

屯溪古镇就是现在的黄山市，这里有一条古老的商业街，沿街的商店建筑极富变化，迷离曲折的街道，雕镂细致的建筑，几乎处处都是强烈的对比，但总的效果却又是高度和谐。这是一幅洋溢着浓厚生活气息的图画。茶馆里，一年四季茶客满座，品茶、听书、闲聊、观赏街景，饶有情趣。尤其是远处的过街廊所形成的立体交叉，构成了一个灰色空间

江浙民居

与凝重的北方民居相对的是活泼的江浙民居。浙北与苏南位于太湖流域，这里气候湿润，无严寒酷暑，唯夏季有一段湿热和梅雨季节。在这种良好的自然条件之下，房屋的朝向多为南或东南。

这一地区民居都为木架承重。屋脊高，进深大，防热通风效果好。另外，在平面的处理上尽可能采用置小天井及前后开窗的做法。门窗基本采用低的槛窗及长隔扇窗。四坡水、悬山、硬山等屋顶和封火山墙、披屋等建筑形式，在这一地区的民居中都可以见到，给我们的印象是凝练而明确的线条，亲切而和谐的节奏。

纵观全国民居，依笔者之见，苏北、皖北、豫东和鲁南接壤的淮海地区民居是建筑形式和平面布局较单调的地区，基本都是硬山式屋顶，且草顶居多。除前面设窗外其余三面均不设窗，建筑群的组合上虽有三合或四合院，

但更多的是分散式布局，同处华东地区的江浙民居无论是造型还是平面处理，却变化繁多，质量普遍很高。

江浙民居以不封闭式为多，平面与立面的处理非常自由灵活。悬山、硬山、歇山、四坡水屋顶皆有应用。被称为东方威尼斯的苏州临河建筑，淡雅的水边景色是那么柔和幽静，又隐含微微漂浮、缓缓流动的意态。多少画家、诗人来此描绘吟诵这"日出江花红胜火，春来江水绿如蓝"的江南景色。

和其他地区一样，经济条件好的人家，住宅在平面上采用对称的布局，四周高墙封闭，并附以花园祖堂，造成曲折变化、主次分明的平面布置。木架结构用正规梁架，厅堂并用"草架"的。建筑力求采用高档材料，细部装饰华丽，建筑面积也大。江浙民居棱角笔直，严格精确，无笨拙臃肿、敷衍堆砌、形象粗糙之感。精湛的施工技术，使建筑大为增色。浙

江浙民居

江绍兴民居中常见过河廊的形式，这种过河廊是大户人家连接河两岸住宅的通道。不仅给房主使用上带来方便，而且给河道带来了空间的变化。

通过视知觉的体验，江浙民居的室内设计往往能激发人的审美意趣。因用途的不同而自然产生了复杂的空间层次，使房间与房间之间相互联系，浑然一体。其序列不仅合乎逻辑、讲究效能，而且在视觉上惹人注目，功能安排极为合理。别具匠心的空间利用，大大丰富了建筑物视觉效果。仔细观赏会发现许多空间利

用的方式。当我们从阁楼向下看去，你会发现上下楼必须将楼梯开启方能登楼，左边出挑的窗台可以睡人，两边的墙壁也被充分利用，挂置衣物。空间利用得如此充分，看了使人叫绝。

江浙民居墙体薄，大木结构高瘦，装饰玲珑，木刻砖雕十分精细，屋面轻巧，造成了明秀轻松的外观。白墙黑瓦在丛林溪流映照下，给人以明快的感觉，素雅清淡，韵味无穷。

楠溪江是浙江省民居保存比较好的一个地区。由于其封闭的环境，所以比较完整地保留

了二百多座古老村落及一大批在其他地区难得一见的传统民居建筑，是江浙地区具有代表性的民居之一种。

　　人世沧桑，荣衰兴替，楠溪江乡民在传统的宗法制度下，几百年间恒常不变的是有耕有读的宁静的乡村生活。艰辛的生产劳动创造出了恬静安然的乡土建筑。耕读生活培养出的知识分子，是雅士文化的代表。他们中有的人掌握宗族权力，有的人则隐居读书，还有的人在乡间教书。楠溪江村落文化气息的保持，这些人起了主要作用。这也造就了楠溪江村落建筑

水乡民居

的人文特色，在民俗文化中表现出来的雅士文化，在体现伦理与秩序的正统庄肃之中，流露出自然与恬淡冲和，亲切而又人情味。

　　苍坡村以"文房四宝"作为其村落的主要景观，是楠溪江中游最著名的村落。它由李姓族人修建，最早建于五代，至今已有一千多年的历史，是楠溪江最古老的村落之一。在历史上，共整修过三次。

　　苍坡村的主要建筑大都在南宋孝宗淳熙五年(公元1178年)建成，今天我们看到的苍坡村的大致规模都是那时完成的。淳熙五年，苍坡村的先民与国师李时日商议村落选址和建筑规划，他们以阴阳五行为依据，精细地分析苍坡村的地貌。按照八卦：西庚辛属金，但西面有座"笔架山"，山形似火焰，在这里建村必然容易失火；北壬癸属水，照理可以镇火，但预定村落的北侧没有大的水塘，不能克火；东甲乙属木，火会引燃到此；南丙丁属火，会加强火的势头。如此一来，在这里建村，村子的四周都会被烈火烧烤。这样一分析，整个村子都将在火的威胁之下了，为了克火，李时日决定在村子的南侧建一个方形水池，以重点镇"火"；在村子的东侧建一个长条形的水池，成为防火隔离带，以抵挡"火"烧"木"；在村的四周开渠引溪，引北方的"水"来环抱苍坡村。这样一来，水与火才得以平衡。

　　镇住"火"以后，具有文人风雅的乡民不满足于风水的释意，还要在其风水的功利性上再涵盖一层文雅的情趣，于是风水师李时日与村里的文人又利用"笔架山"这一名称向"文房四宝"这一命题发展。将对准笔架山凹口的地方作为村子的中心，建一条笔直的街道，以

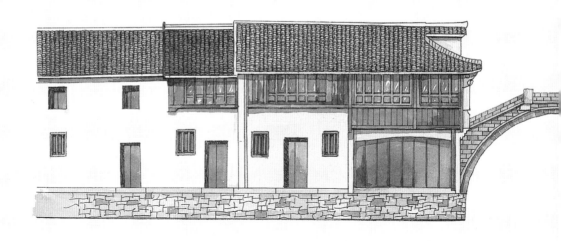

上｜水乡民居立面

下｜浙江诸葛村文与堂立面

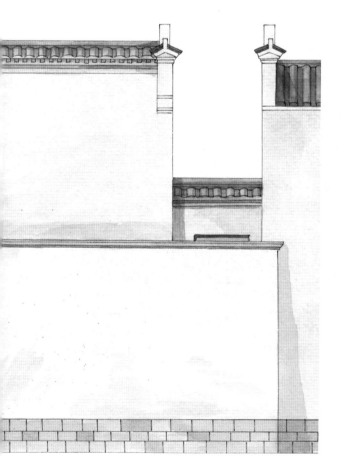

象征笔。在"笔"街中段的一侧，平放一个大型条石作为"墨"块。墨块旁边就是村南苍坡门旁边的水池，水池为"砚"。整个村落的用地为方形，即为"纸"。如此一来，"文房四宝"样样都有。苍坡村中，一条条纵横交错的街巷和一个个造型优美的民居组团，整体平面构成一篇"大块文章"，喻示此地必将文人辈出，体现了人们向往文运昌盛的美好愿望，表现出这里先人的独到匠心。

去苍坡村首先要路过方巷村。在方巷村的村边上，有一座亭子，名叫"送弟阁"，它与苍坡村的一座"望兄亭"遥相呼应。这里有一个被田夫野老多年传诵的故事，流露着农家的朴实情感。

据族谱记载，苍坡村的李氏七世祖有李秋山、李嘉木两兄弟。南宋建炎二年(公元1128年)，哥哥李秋山迁居大约一公里以外、小溪对面的方巷村，兄弟俩常常"会桃李之芳园，叙天伦之乐事"，话叙友情、谈古论今直至深夜。当哥哥回家时，弟弟要一直送他到方巷村，而哥哥又不放心弟弟，于是又返回送弟弟至苍坡村，这样不断往返，常常直至深夜。频繁的往来，使兄弟俩产生了一个设想：各自在村边建造一座亭子，等夜里无论谁回去时，只要回去的人在自己的亭子上点亮一盏灯笼，对方就能看到；对方再点燃一盏灯笼，挂在自己的亭子上，说明自己已经知道对方安全抵达，表示放心，这样免去了相互送别的劳苦。这两座亭子一座称为"望兄亭"，一座称为"送弟阁"，两座亭子遥遥相对，寄托了兄弟的依恋之情。

方巷村的送弟阁，傍邻小溪上的石板桥，遥望情意绵绵的望兄亭。从这里出发沿着乡间小路便可来到苍坡村。望兄亭建在苍坡村三米高的寨墙上，歇山屋顶，十六根柱子，形成完美的比例。从这里南望远处方巷村的送弟阁，视野开阔。寨墙上几棵参天的古柏与灵巧的亭子形成对比。现在，这两个亭子的美人靠上经常坐着悠闲的老人，人们说古论今，兄弟友情沁入乡民心田，望兄亭上的楹联"礼重人伦明古训，亭传佳话继家风"道出了这个近千年佳

话的人文意义。

进入苍坡村要走溪门，这是一座木构牌楼式建筑，构件粗壮的斗拱，显示了明以前的做法。当地人在门两侧采用了一种古老的窗棂格形式——直棂窗，门两侧木柱略呈八字状，上侧向中心微倾斜，这种做法称为"侧脚"，是宋代的建筑风格。溪门屋顶下面有斗拱装饰，斗拱向外伸出的木构件叫作"昂"。溪门的昂有上下两层，前面托挑檐檩，后面压在脊檩之下，这与明清以后将昂作为斗拱的装饰构件的做法也是不同的，溪门的这种斗拱具有杠杆一样的承重作用，风格可远溯到宋元。正因为如此，苍坡村的溪门在现在看来还是非常的古朴、浑厚、典雅。

楠溪江的芙蓉村也有一座建筑风格久远的寨门。芙蓉村的四周都有石砌的寨墙，要进村子只有经过寨门，东门是全村最好的大门，也算是正门吧！具有很强的防御功能，随着太平岁月的延长，东门正中带有防御性的两扇闸门已经不知到哪里去了。东门是一座三开间两层的楼阁式建筑，这在偏僻的村庄中是很少见的。要说这座门的价值，不仅在于它柔和优美的造型，而且主要在于基座上的"断砌造"形式。"断砌造"是宋代的一种台基形式，我们现在常见的清代的建筑基座是一个整体，断砌造不是这样，基座分为左、右两个部分，中间分开，留一条平坦的道路，方便车马可以从两个基座中间凹下去的平整道路上出入，是一幢让人百看不厌的好建筑，只不过现在这栋建筑有些破烂。

沿着东门内的这条街再往村子的中心走，在路的左侧有一方清亮的水池，水池的正中有一个玲珑的亭子。水池一面临街，另外三面在粉墙的衬托下，显得分外生动。我走了中国不少地区的村落，像芙蓉村这样把全村的中心设

鲁迅绍兴故居及周边环境中国博物馆

江南水乡鸟瞰

计成有池、有亭的园林空间，还是不多的。芙蓉亭是两层的楼阁式建筑，底层一圈设美人靠，老人们在这里抽烟、休憩，身处其中，能感受到一份乡间古老而特有的闲适感。水池的南北两岸都有石板桥通向亭子。芙蓉池畔常有妇人洗涤衣物，远处的芙蓉峰倒影在池中，芙蓉池的如画景色愈发诱人驻步。

明代前期是楠溪江中游村落营建的鼎盛期，这主要得力于当时经济、文化的繁荣。在楠溪江的建筑，尤其是与生活密切相关的居住建筑上，体现出了以淡泊、耕读相标榜的文化心理和价值取向。

清代以后，由于审美习惯的改变，楠溪江有些民居建筑也开始重视装饰之风了。芙蓉村的西北角有一幢大型民宅叫做"司马第"，便是属于这类形式的建筑。司马第建于清朝康熙年间，房主人是一位富商，但他却冒用官号，给自己的住宅起名司马第。这是由横向排开的

三座四合院组合成的一所房屋，总面宽达70米左右，连正房带厢房一共40个整间，这样恢宏的气度在楠溪江的民宅中是唯一的。走进司马第，其庞大的规制、精美的雕饰，让我惊叹。从正门到屋子的石阶前大约宽18米。入宅的第一进为一层楼，黑色屋瓦，衬着原木板壁、直棂窗等，色彩古朴自然。庭院中心的道路用宽达3米的青石铺成，高出两侧的土地。正房为七开间。我的到来，吸引了许多围观的妇孺。这么好的房子，可是无人爱护，柱子之间拴上横木或绳子晾晒着东西，檐廊下面，乱七八糟地堆

江浙民居是中国民居中最精彩的一种，无论是村落设计、建筑造型设计、室内装修以及家具布置，都体现出精细、巧妙和富有文化色彩的特点。但这一地区一直是富庶的地方，所以近年来传统民居拆除及破坏的速度最为明显。图为浙江省绍兴市的柯桥古镇，如本书中的许多照片一样，图中的建筑今日已不存在

上｜这是一幢浙江民居。这幢大型民居着力强调垂直线条，产生进取效果，打破了腰檐所造成的横线，使人产生尽力向上的想象，暗示出一种抱负和超越感。那凌空的屋角有飘飘欲飞的艺术效果

左上｜民居的亲切感是由两方面的因素决定的，一是民居与自然的相互交融，二是民居的尺度与人本身的密切关系。这是江南运河边上的一座民居，廊檐下面设一茶馆，从这幢民居中我们可以分析以上两点。这幢民居傍河而建，倒影浮荡在运河之中，橹声欸乃，穿梭往来，鱼贯而过的舟楫使倒影不断变幻，映照出点点金灿灿的阳光。船民们在此饮茶、聊天，感觉自己如同身处河上，与自然融为一体

左下｜苏南沿河村镇基本形式是一面临水。背山面水时，建筑沿河道伸展，临水设码头联系水陆交通。建筑多在河流北岸，用以取得良好的通风日照。而背山面水，村镇既得近水之便，又地势高爽，可免河道涨水时被淹。村镇一般都选址在山南，夏日接纳南风，冬日接纳日照，并利用山体作为屏障遮挡北来的寒风。图为苏州市太湖畔的光福镇

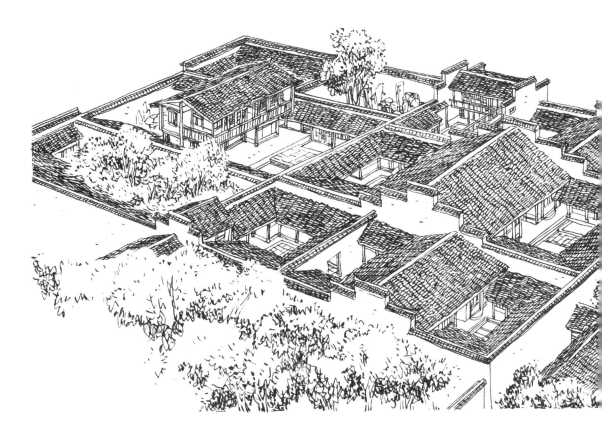

上｜民居的秩序不仅包括审美上的逻辑问题，还有礼制上的秩序问题，主房必须大于厢房，主体庭院总是比后院、偏院广阔，主房用槛窗，而偏房用支摘窗。对图中的民居院落进行观察，不难发现，体制上的逻辑感是通过格局上的逻辑感表现出来的

下｜浙江东阳民居是越中地区民居的代表之一。中国民居强调中轴对称，从图中的东阳民居可以领略到中国人中正平和、变通有则的哲学心理

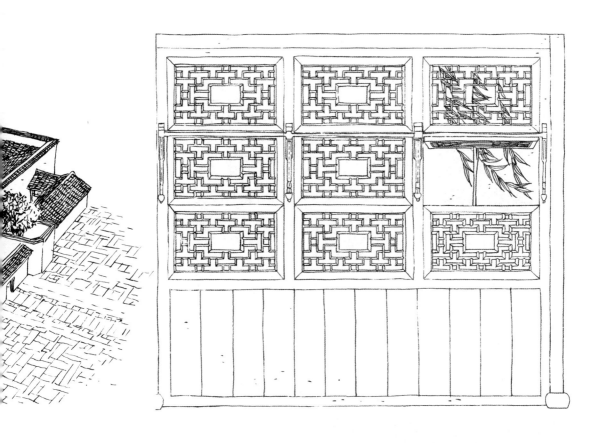

上｜有通有隔，不仅依赖竹帘可形成，依赖门窗也可形成。隔扇窗门的空格也是很好的取景框，把室外景色分割成许多个美丽的画面。组成窗格的窗棂变成剪纸一样的黑白效果，望出去可以增加视觉印象，使光和景多样化

下｜帘子的等距离线条的节奏感，使帘子另一侧的客观物象与帘子这一侧的主体观者之间产生了一种"隔"。正是因为"隔"，才造成了景物的闪烁，呈现出花叶的华美

"小桥流水人家"是江浙地区沿河民居的生动描述。旧时生活在河边的人们,从自己家的私用码头上、下船,在码头上洗濯衣物和菜蔬,在码头上购买由船送来的各种商品

江浙民居中有相当一部分富人住宅都附设私家园林。今日我们所说的"苏州园林""扬州园林",实际上只是民居的一部分,附设的园林都如此精彩,更何况民居本身呢!可惜的是,园林因为有旅游观赏价值而被保护下来,但民居本身的命运就不及园林了。图为苏州某宅的后花园

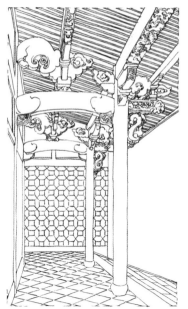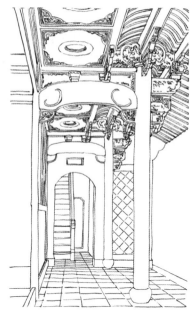

江浙民居的外檐常常设廊，有的一圈都设置，成为回廊，有的楼上也设廊。廊檐有加上门窗装修成封闭式的，作为室内交通孔道，也有加栏杆、板壁、短墙、廊栅等形成半封闭的檐廊。图中看到的是开敞式檐廊，檐廊是民居中最着意进行艺术处理的部位，由于一般不设吊顶，因此暴露屋顶下部素简的檐椽望砖，精心雕饰的猫儿梁、月梁。图中右图是采用天花吊顶的檐廊，中间设计有八角形的浅天花井，使装饰效果大为增强，丰富了空间感觉

中国民居与中国画相似的另一点是重视"虚空"。清初笪重光在《画筌》中说："虚实相生，无画处皆成妙境。"汤贻汾在《画筌析览》中说："人但知有画处是画，不知无画处皆画，画之空处，全局所关，即虚实相生法。"欧洲的油画，如果画布空白，表示什么也没有画。只有将画布涂上颜色才是画。而中国画往往将画纸留出大量空白只画一角山石，或只画一叶扁舟，没有画的地方则表示是苍茫的江水、无际的天空或高山的流水、浮动的云海等。从图中可以看出，江浙民居同样有中国画的这种虚空的美感，尽管占大面积的都是白墙，只有点点小窗，却很有情趣，耐人寻味

放着稻草和农具。

　　第二进院落为两层楼，楼间设腰檐，房屋中间的明间很开阔，明显大于其他房间，庭院中心还有石铺的道路，道路两侧还有石凳子。我在楼上拍摄整个院落时注意到，木楼梯近于垂直，因为江浙一带的民居，二楼都是不住人的，只当仓库使用。楼上全是杂物，到处结着蜘蛛网，我费了很大力气，才走到窗口。从腰檐的上面俯瞰院落，真是别有风味，这座建筑尽管破旧不堪，但当年的风韵犹存。

　　司马第是三个两进院落横向一字排开，三个四合院各有自己的门，但院子间有夹道横向相通。司马第前原来有一座家塾，现在书塾早已坍塌，只留下雕刻精美的镂空砖墙还矗立在那里。家塾的对面是一座私家花园，由于我去时刚好是夏天，茂密的树木遮挡着断壁残垣，脚下是滑溜溜的青苔，一不小心，便会滑一跤。

桥是水网地区的重要构筑物。江南临水的民居往往空间狭窄。靠近桥头的民居把桥也加以利用，这样一面山墙直接砌在桥面上。还有的建筑把梁直接搭在桥上，还有的在桥上搭几块石板，省去楼梯，从桥面上直接可以上楼

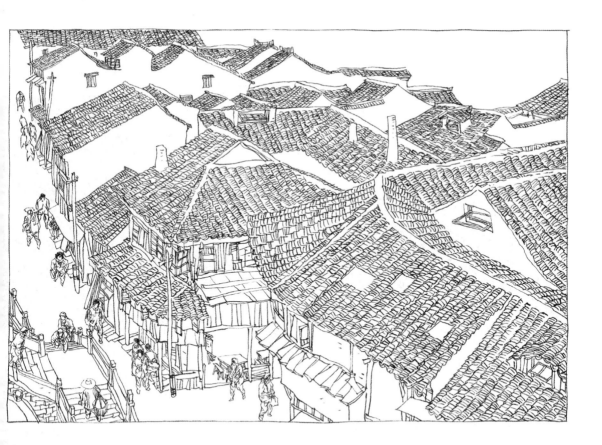

江浙民居之所以美，主要在于其疏密对比关系。中国画的一个极其重要的原则是疏与密的对比。中国画不太强调色彩，而重视线条，利用密线条与疏线条的对比产生美感。这种美学模式也被中国民居所采用。从图中可以看到，那鳞次栉比的屋顶和白色简洁的墙壁构成了完美的疏密对比

在楠溪江各种地形不同的村子里，民居的朝向十分灵活，司马第就是一户朝东的住宅，但唯独没有朝西的住宅。这可能是因为楠溪江流域夏季炎热，朝西难耐西晒。另外，风水术也认为朝西不吉，《阳宅十书·论福元》上说："宜住坐北向南巽门宅，上上吉。坐南向北坎门宅，上吉。坐西向东巽门宅，亦吉。惟坐东向西宅，不宜居。"

楠溪江的石墙给我留下了深刻印象。由于石材来源丰富，经济实用，楠溪江人从屋宅的院墙到包围全村的寨墙都用石头来砌。楠溪江石墙的砌法有很多种，最常见的有乱石墙、人字纹墙、自由人字纹墙等。一般先用大块毛石打好基础，然后分内外两皮砌筑，逐渐向上收分，石间不用砂浆灰泥或其他填充料，全凭高超的技术，利用石头的大小开形状，自然相互挤压而成。我最佩服的是石墙转角处的处理，方形的石块交互堆砌，明显看出石墙由下向上

江浙地区河湖纵横，土地肥沃，气候温和，物产丰富，是著名的鱼米之乡，欣赏江浙民居，可以乘上乌篷船，在欸乃声中领略水乡泽国的佳景。近处河道、舟楫、堤岸，远方四野、村落、山影，好像一切都漂浮在水上。图为浙江省绍兴市安昌镇沿河民居

上｜在农村或小镇中都设有定期买卖货物的市场，一般都为市场设置一个固定场所。固定场所一般都在路边、桥头、村口等交通便利的地方。这种广场叫作集市广场。图为浙北的一个集市广场。清晨，朴实憨厚的农民身着粗布衣裳，持续不断地来到集市上，嘈杂声嗡嗡一片，热闹非凡

右上｜江南有的沿河民居是全部凌空建在水面上的，这叫作枕流。水里的柱子大多用石柱子，这样经久耐用。这是人们善于利用各种复杂地形进行民居建造的典型手法之一。水面上的房屋，能使居民感觉与水亲近，实用舒适。而且人们取水、洗衣、上船下船都十分方便

右下｜浙江省东阳市木雕闻名全国，其主要的用途是安装在建筑的木构架上。在东阳市的传统民居中，处处可以看到雕镂精美的装饰，令人叹为观止

逐渐变薄的效果。石墙的美观在于自然的契合。雨后，墙上的浮土被冲刷干净，深褐、青绿、灰白、赭黄等石头本来的色彩显露出来，泛着水光，极富意趣。偶尔，有的人家在石墙上种葱、萱草等植物，嫩绿嫣黄，透出一派自然恬静的生活气息。

楠溪江的许多村落都有精美的民居。蓬溪村让我难忘的是明代水院。我们平日见到的住宅，中心的庭院都是平地，但南方也有极少数的民居，其中心庭院是一方池水，这种形式被称为水院。蓬溪村的这户明代民居，为三进两院的形式，明代是楠溪江中游的营造高峰期，住宅的材质与施工都很精良。但蓬溪村的这个明代住宅的两个院落都为水池，这在楠溪江一带是少有的，而且水院的规模之大，更是稀有。

蓬溪村的近云山舍是一幢建于清代同治年间的住宅。房主人谢文波是一个邑庠生。据说在同治五年，谢文波到苏州遍访名第大宅，并请人绘制了建筑式样，回来后便营造了这所房子。我来到这座民宅的门口，由水磨砖墙所饰面的大门果然气势非凡。八字门楼上的"近云山舍"四个字及门联"忠孝持家远，诗书处世长"是砖雕的形式，相

右上 | 从芙蓉村中心的芙蓉亭看芙蓉池对面的民居

右下 | 芙蓉村的大型民居——司马第内景

方巷村的送弟阁

上｜楠溪江民居十分重视建筑与水的关系。图为苍坡村的民居——水月堂。
这是一栋建在水塘上的住宅，建筑的四周被池水所包围

下｜蓬溪村的民居——明代水院则是另一种利用水塘的方式，建筑在
水塘的四周，水塘被包围在四合院之中而成为院落

传为朱熹所书，由谢家保存下来。我怀疑这种说法的可靠性。走进大门，里面是一个横向扁宽的四合院，两道纵向的空花砖墙，将这一横向院落分隔为三部分。我走进的是中间一个院子，原来两侧都是花墙。花墙的砖雕极为精美，而且面积很大。这样的花墙，在现存的苏州园林中我都没有见过。花墙另一侧是厢房及小院子，墙根设有花坛。左边的厢房名为"听香斋"，匾额为翁同龢所书，可惜的是，蓬溪村与附近的鹤盛村人争夺柴山结仇，近云山舍被鹤盛村人烧毁，花墙只残存下左侧的一段，它仿佛默默地向人们叙述着过去的沧桑。1939年，谢云仙兄弟曾重建正屋和倒轩，我看到的是重建后的房子。

楠溪江的繁荣已经逝去，我眼中所看到的景色是新旧交替中过去岁月的残影。在东皋村外，我看到安放在澄澈江水中原始的汀步。江水从汀步中间匆匆流过，我心中感叹道，我们生活的土地，未被开发的已所剩无几，不知这楠溪江美丽景色，会否似这一去不复还的江水，成为我的记忆。

泉州民居

一提到福建民居，人们自然会想到福建土楼，其实除了土楼外，福建还有许多独特的民居形式，被称为"红砖文化"的泉州民居，就是与众不同的一种。这种"红砖文化"也影响到中国台湾的民居建筑。

与西方建筑普遍使用红砖、红瓦不同，中国民居都是使用青砖、青瓦，因而形成中国民居深沉、清雅的艺术特色。但唯独泉州市附近的民居与中国其他地区的民居不一样，而像西方建筑那样，使用红砖、红瓦。从泉州出土的宋代砖瓦则是青色的，在宋代，泉州市的城墙砖也是青色。那么为什么会出现这种情况，至今我们尚未找出令人满意的答案。

距泉州市40多公里的官桥镇漳里村，是传统民居保存完好的一个村落。一进村，映入我眼帘的就是一片红色！那一大片红色，在清晨的霞光中宛如一幅强烈暖色调的图画。这个村子建于清光绪二十九年秋(公元1903年)，其中有13个院子都是蔡德浅一人出资兴建的。蔡德浅是旅居菲律宾的华侨，海外经商致富以后，回乡建宅第，为的是光宗耀祖。

漳里村是一个十分典型的泉州民居村落。村落在兴建时就有统一的规划，道路横竖笔直，成方格状。在道路上行走，脚下都是石板，石板下是潺潺流水，这是村落的排水系统。道路从南到北是缓缓升高的，每走十几米，就会有一级踏步提高路面，形成整个村落前低后高的坡面布局。

泉州民居的主要形式是四合院，这种四合院形式保留了许多宋代以前中原地区民居建筑的特点。据《八闽纵横》记载，中原汉人曾有过多次大规模迁徙入闽的纪录。最早的一次在东晋时，历史上称为"衣冠南渡"。这次入闽的汉人多定居在建溪、富屯溪流域及闽江下游和泉州晋江流域，据说"晋江"就是由此得名。入闽的人来自中原，自然带来中原传统建筑特色。中轴对称、相对低矮开放的四合院民居布局形式，被泉州市附近的人们保存下来，一直沿用至今。

福建人由于是从中原迁来，为了怀念先祖，不忘本分，所以宗法礼教思想根深蒂固。尤其在泉州市一带，敬神祭祖的习俗，在民间扎根很深。平日，直接进入寻常人家，可以看到中堂香烟缭绕。每逢节日，家家都要举行祭祀活动。除了专门的家祠外，每家在主厅堂(上大厅)都设有祖宗牌位，并且在厅堂上空架设灯梁。据说，灯梁可以去邪驱魔，所以灯梁上都绘有彩画。所以泉州民居的主厅堂兼有祠堂的功能，在民居中占有相当突出的地位。

泉州民居四合院的正立面非常华美，红色的砖与灰绿的石头形成对比。在墙体的基础部位，有案几一样的石雕装饰，给人一种静寂洒脱的感觉。除了活泼轻盈的砖雕外，红砖的拼花是极具地方特色的。泉州民居的红砖叫作福办砖，用于外墙砌筑时，利用砖头深浅不同的颜色拼成

俯视典型的泉州民居可以看出，主要建筑前面的院子最大，其他的院子较小，以求主次分明。院子的形状力求变化和对比。方形、纵长、横长的院子相互交叉间隔。在可能的情况下，各进院子内建筑物的地平线自前而后逐步提高，以增加建筑物的庄严效果。在同一组建筑群中，由于地形或其他原因而不能用一根轴线一气贯通时，就分成几段连接起来

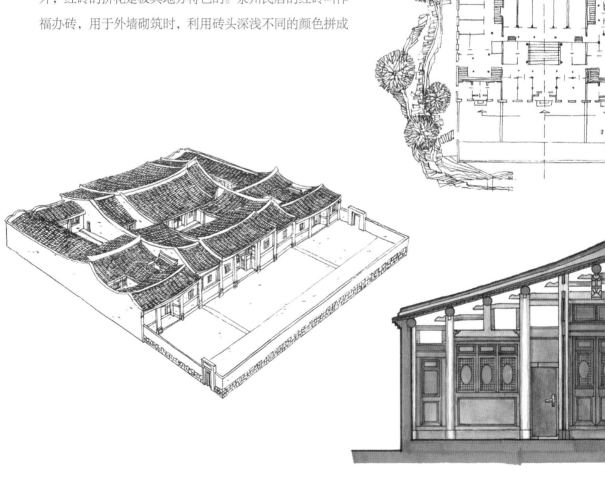

俯视典型的泉州民居四合院

泉州民居剖面

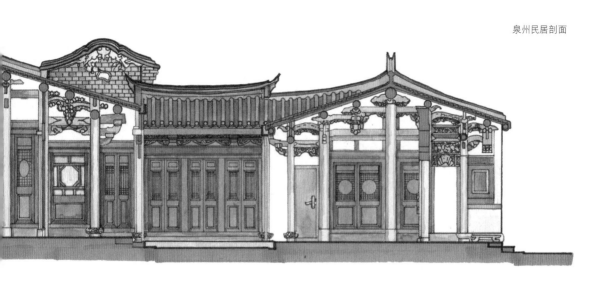

图案，不再做任何装饰，只稍做勾缝。泉州民居的砖石雕刻应用得非常广泛，除了民居的主要入口处有大面积的砖雕、石雕外，在内部庭院中也有许多石雕的镂空花窗，而且几何图案少，大多是近似写实的植物和人物图案，形象细腻，世俗味道浓厚。

由于泉州市一带黏土中的三氧化二铁含量高，所以烧出的红砖色彩特别好看。据我调查，红砖民居主要分布在晋江市、泉州市、惠安县和南安市。永春县也是红砖，但

颜色更深，像猪血一样的深红色。但永春县的屋顶，大部分是使用青瓦。当然漳州市也有红砖民居，但数量明显不如泉州市多。由于泉州城里大都是红砖民居，所以用青砖盖房子的人家就显得格外突出。如泉州有一处地名叫青砖徐，就是因为那里曾有一户徐姓的人家用青砖砌房而得名。

与其他地区民居不同的是，泉州民居虽也用有弧度的阴阳瓦(仰合瓦)，但弧度极小，这种平瓦当地称瓹（音"两"）。椽子也和北方棍式的不同，宽度很宽、很薄，像木片条，当地人称为桷（音"绝"）枝。

中国民居最富表现力的部位在于屋顶，而泉州民居的屋顶完全不同于中国其

泉州民居隔扇门

他地区。泉州民居的屋顶呈双向凹弧形的曲面，换句话说，在泉州民居的屋顶上，你找不到一条真正的直线。如果从正面看这条线是直线，当你从侧面看时，它就是弧线。中国大部分地区的民居屋顶，尽管也是人字形的双坡屋顶，但正脊、瓦垄、檐口都是直线。如果注意过北京故宫屋面，你会发现，从侧面看屋面时，屋面微微有些凹弧线，这在建筑学上称为举架。但从正面看屋面时，正脊、檐口都是直线，只是四角起翘，这是明清屋面的特点。

泉州民居则不同。房屋的正脊中间低两头高，两端的翘角处有美丽的燕尾。这是因为泉州人保持了祖先从中原

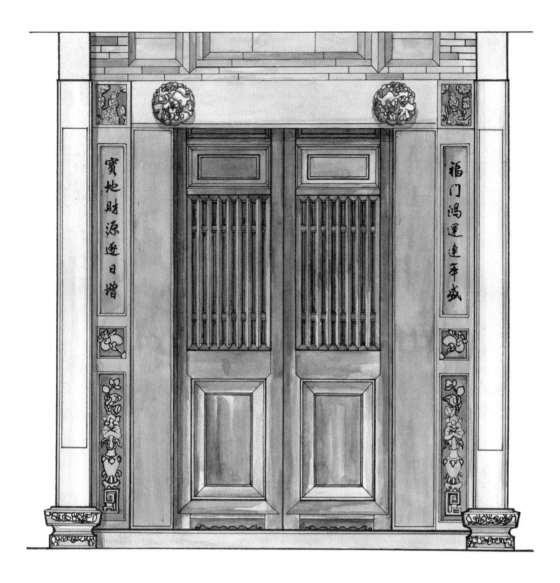

泉州民居房门

南迁时，带来的中古时期北方建筑的风格。这种屋面呈轻盈的轮廓给人以腾跃、飞翔的感觉。天井在泉州叫作深井，深井满铺石板。天井的一圈都是排水沟，以适应南方雨水多的特点。典型的泉州民居院落平面比较复杂，除了中间大天井外，四周有四个小天井，构成相对独立的生活小空间，增加了空间变幻的层次。正是因为有了不同形状的小天井，才使得高低穿插的屋顶檐口得以充分体现，形成虚实明暗的交融互映。

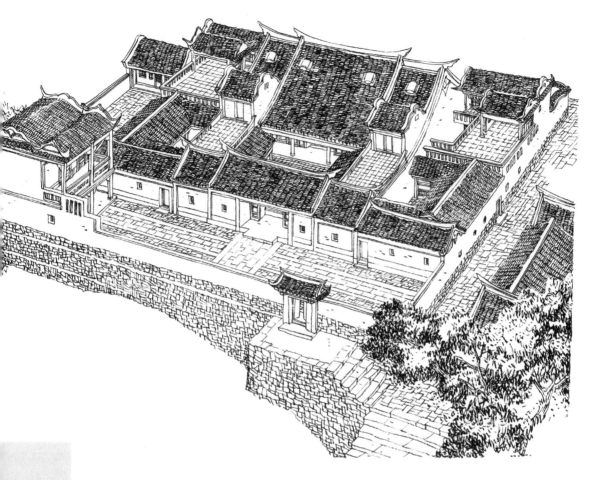

四合院民居是常见的住宅形式，但各地的四合院大相径庭。
两层以上的四合院住宅，在布局方面大都依据一家一宅的原
则，也有数家乃至一二十家合住一宅之内的。福建的院落或
民居一般尺度都比较大。中国民居孤立的单体韵味不浓，组
合的群体却是基调厚重，形象丰满动人

左上｜泉州民居是中国民居中少见的"红砖民居"，其红砖
的颜色艳而不刺目，十分好看。当地人利用红砖的不同颜色
以及砖上压印的凹凸纹样，在砌墙时拼合成有趣的图案。窗
子及墙转角处的青石与红墙又形成色彩与质感的对比，使泉
州民居的墙面更令人印象深刻

左下｜泉州民居在基本形式之上的变体很多，图中的建筑，
在屋檐的上方又增设了一排女儿墙

大天井在泉州民居中起着中心空间的作用。厅堂和大天井融为一体，厅堂是灰色空间，天井和厅堂在铺地时有一级踏步的高差。厅堂前铺的一条长石板很重要，在当地称为大石砛。大石砛的起点和终点都对正两根厅廊柱。石板缝和柱础形成"丁"字形，当地人称为"出丁"，据说这样可以生男孩，家庭能够人丁兴旺。

在住房的分配上，泉州人严格按照"昭穆之制"，左为上，右为下，各个房间都有相对的名称。家里的男孩子要按照长幼次序来分配住房。由于四合院中心部位是由四房一厅所组成，四房一厅又是由六座纵墙组成，所以当地人称典型的泉州民居为六壁大厝。

值得一提的是，台湾不少地方的民居与闽南沿海如晋江市、泉州市、莆田市等地的民居，无论在平面布局、屋脊起翘乃至细部装饰等方面都很相近。有的福建人到台湾后还用故乡的村名来命名当地的村落，所以泉州民居的研究对于中国台湾民居建筑的研究有着特殊的意义。

泉州民居的石雕艺术十分精美，在尺度不大的一块石头上，可以雕刻出许多人像

泉州红砖民居正立面

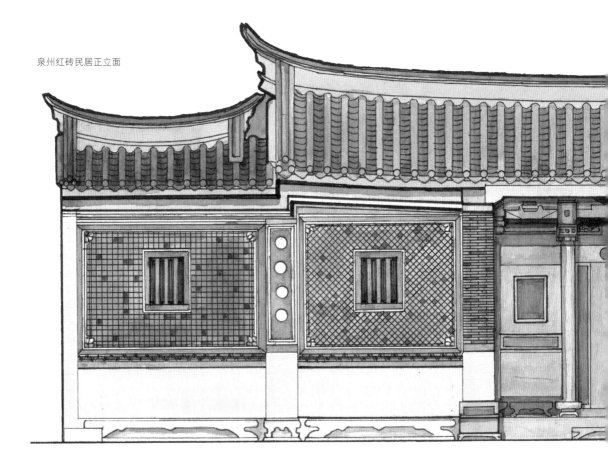

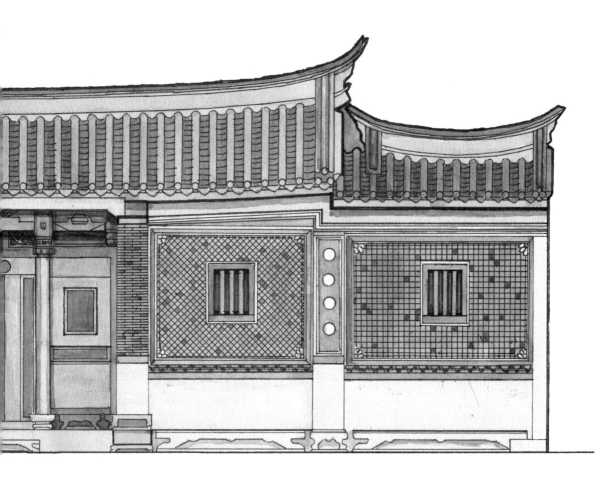

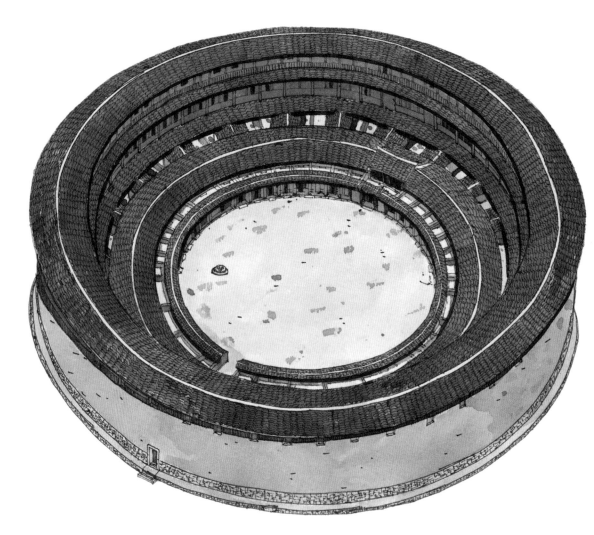

福建土楼是中国传统民居的瑰宝

福建土楼

在中国民居中，土楼是一种特殊的民居，是世界建筑中令人瞩目的一类建筑。土楼中又以圆楼最为独特，那庞大的建筑，可以和古罗马的圆形竞技场媲美。日本东京艺术大学茂木计一郎（Keiichiro Mogi）教授第一次看到福建土楼时所说的话，最能代表人们第一次见到圆楼时的惊讶之情："这是天上掉下来的飞碟，是地上生长出来的蘑菇。"

福建土楼主要分布地区是永定区东部、南靖县西部和龙岩市南部的接壤地区。华安县、漳浦县、云霄县、诏安县、平和县也有很多，但不如永定区集中。关于福建土楼的发展历程，没有明确的记载，能考察到的历史是，唐总章元年（公元668年），闽粤接壤地区的民族反抗当地的官府，官府无法抵挡。第二年，唐高宗便派大将陈政率兵前来。在陈政大军的镇压下，叛军被赶入偏僻的山区。唐仪凤二年(公元677年)，陈政的儿子陈元光攻克了南诏(今福建省诏安县)，以后又一直打入潮州。

据记载，当时叛军据守山寨，易守难攻。陈元光也插柳为营，修筑山寨，和叛军抗衡。

当时的山寨都是建立在山头上的城堡，形式与现在的土楼相似。山寨转变成民居场所，应该在南宋初叶以前。因为据《长泰县志》记载："宋绍兴末，有寇流劫，乡里骚动。邑民蔡君泽纠集乡民保石岗寨，贼攻寨，泽破之。"这说明当时人们已经居住山寨形式的住宅。

民间开始有建筑土楼的记载，则起于元代。根据南靖县李氏族谱记载，元皇庆元年（公元1312年），李家在南靖县建了一座三层方楼福兴楼。在下版寮村，刘氏族在元至下正二年建成了五层圆楼裕昌楼。

福建省位于中国东南丘陵地带，到处是山，很少有平地，生活在山区的人们为了防御，保障自己家庭的安全，建土楼作为居住建筑

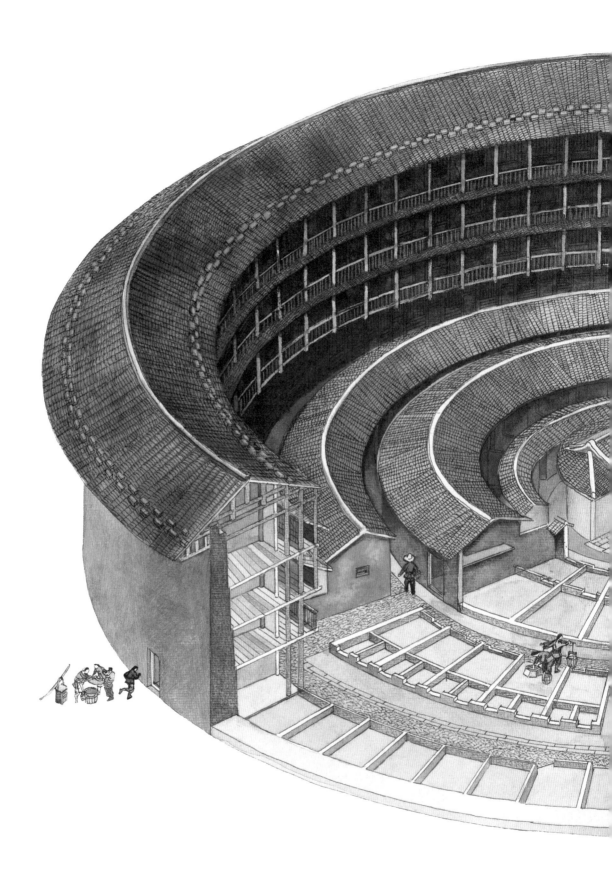

福建永定县古竹乡的承启楼

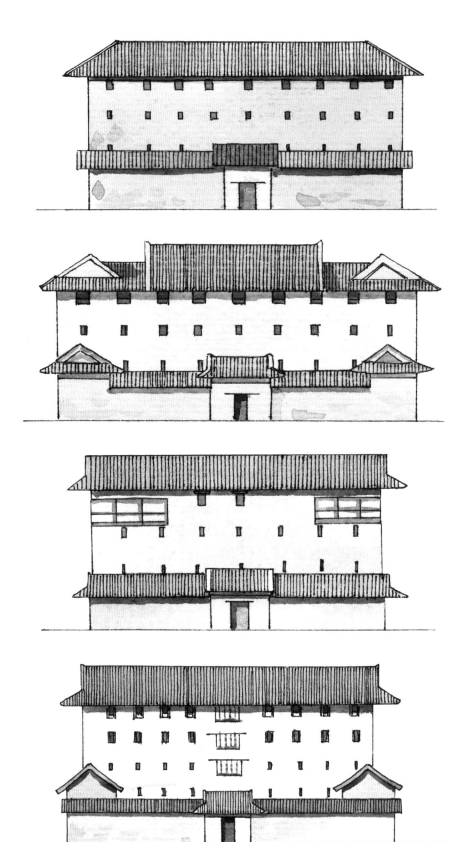

福建土楼立面

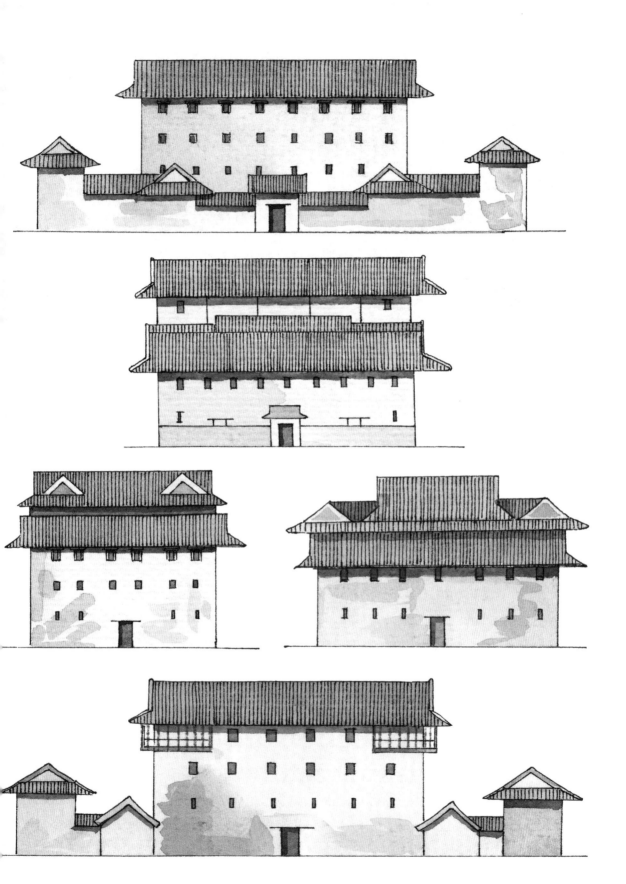

关于福建土楼的官方正式记载，最早是明萧廷宣撰写的《嘉靖长泰县志》，这本县志上记载："环珠楼，在县兴贤坊之南，元至正年间兴建。"这也再次说明，元代已有民居土楼是确定无疑的。

明代是福建沿海地区土楼兴建的高峰时期。因为倭寇开始骚扰漳州，所过之处"焚劫杀掠不计"。人们只好在土楼中躲避。

明万历元年（公元1573年）《漳州府志》："漳州土堡旧时尚少，惟巡检司及人烟稠集去处设有土城。嘉靖四十年以来，各处盗贼生发，民间团围、土围、土楼日众，沿海地方尤多。"

现存明代土楼很多，而且楼体上多有石刻

纪年，写明了建造年代，有时还有族谱为证，如华安县沙建乡上坪村的齐云楼，是一座椭圆形的单元式二环楼，石刻纪年为"大明万历十八年"，而族谱上的记载，可以追溯到明洪武年间，至今已有六百多年的历史。现在这座土楼还保存完好，这在中国民居史上也是值得一提的，因为明代住宅保存到现在的已为数不多。

清代虽没有倭寇袭扰，但社会仍不太平，因为这一地区宗族之间经常发生械斗，区区小事，常酿成大祸。械斗之风，屡禁不止，乃成痼疾，这当然与当地民风彪悍、聚族而居有着密切的关系。社会的动乱迫使百姓继续建造土楼。清代的土楼大都建在交通不便、地域偏僻

漳州地区所属的几个县，圆楼的形式比较奇特，而且多为单元式圆楼。虽然二宜楼的外部造型是比较常见的圆楼形式，但内部设计却很有变化。图为从山上俯视二宜楼

的山区，即客家人居住的地区。

福建土楼的形式很多，按照外观造型归纳，福建土楼大致可以分为单体土楼、方形土楼、圆形土楼、"卍"字楼和半月楼等类型。

单体土楼主要分布在永定区，楼顶是歇山形式的大屋顶、大出檐。墙体呈下宽上窄的倾斜形式，就像是过去的城楼式建筑。单体土楼还可以自由结合，组成各种各样迷离的群体形象。永定区抚市镇的永隆昌楼，就是其中的典型代表。这个建筑分为新楼和旧楼两大组群，共有92厅，624个房间，144个楼梯，7口水井。主楼加阁楼共有六层高。位于永定区高陂镇富岭村的"大夫第"文翼堂，是单体土楼中造型最美的一座。这座建筑是"三堂两落"的形式，当地俗称这种形式为"五凤楼"。"三堂"是位于南北中轴线上东西走向的下堂、中堂和主楼，"两落"是分别位于两侧的南北走向的建筑，当地俗称两落为"横屋"。这座建筑从前面看过去，屋顶十分成功地采取了歇山与悬山巧妙配合。院落重叠，屋宇参差，无论从哪一个角度观察都

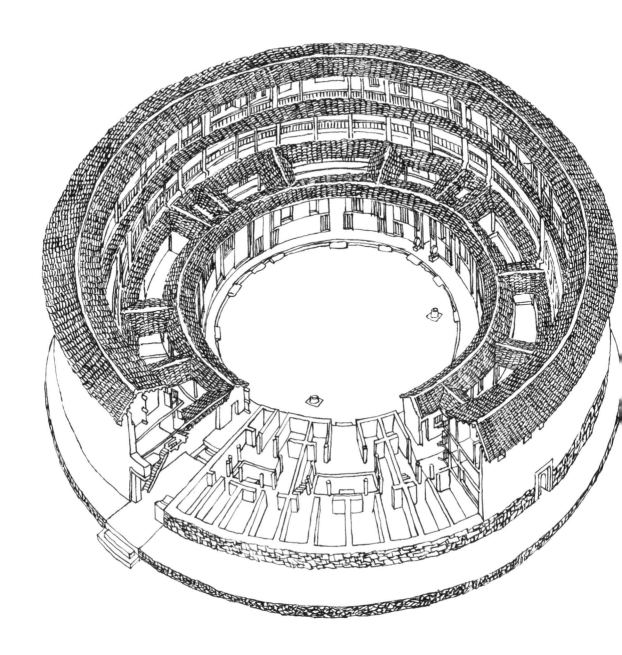

福建省华安县大地村的单元式圆楼二宜楼，尺度很大，而且设计独到，非常合理实用。现在该楼内仍然十分整洁，人们继续按照当初的功能来使用建筑

条理井然，主次分明，和谐统一。

在众多的土楼形式中，最令人感兴趣的要数圆楼了。圆楼主要分为内通廊式和单元式两种。圆楼的外面有附属平房围拢的"楼包"。圆楼本身有一环、二环直至四环的几种平面形式。四环的圆楼很少见，其中最著名的要数永定区古竹乡高北村的承启楼。这是一座四层的内通廊式圆楼，经历了300多年的烽火岁月，承启楼已经相当破烂，而且楼内的居民又用混凝土新建了一些新楼，弄得不伦

不类。

圆楼中最好的要数华安县大地村的二宜楼，它就是一座单元式圆楼。二宜楼有七个显著的特点：

一是大，直径70.4米，是福建为数很少的、直径超过70米的圆楼之一。

二是墙厚，底层土墙厚度达2.5米，是目前所知墙体最厚的一个土楼。

三是单元式设计，全楼分为12个单元，具有现代住宅的优点；每个单元的住宅，都保持了自己的私密性，同时，楼中心的大庭院又构成了社区活动的共享空间。

四是有内通廊式圆楼的优点，每层在靠庭院的一侧都有廊，可以作为家庭的阳台。

五是设有隐通廊，在四层的外侧有一圈通廊，每家四层楼的后面都设门通往这个隐通廊，在防御时，便于调动兵力。

六是每个单元的底层都设有一个传声洞，这个传声洞是"之"字形的，建楼时就预先设置，声音可以传入，而箭却射不进去。当自己家人回来晚了、楼门已关闭的情况下，可喊自己家的人来开门。

七是设有暗道，平时当作下水道使用，当楼被围困、弹尽援绝时，人能从暗道逃出。

二宜楼在设计建筑时就设置了许多细部装饰，现在居民仍然按照设计时的功

二宜楼内景

远处的群山，似在庄重地沉思。周围弥漫了一片神秘的宁静。在这宁静中，映入我们眼帘的是长方形土楼正立面上部的木板壁与土墙形成的鲜明的质感对比

这是永定区高陂镇富岭村的"大夫第"文翼堂，房主人是在种烟草致富后兴建这幢巨大住宅的。这种形式的建筑，被当地人称为"五凤楼"，是由"三堂两落"组成，"三堂"是位于南北中轴线上的下堂、中堂和主楼的上堂，"两落"是分别位于两侧的长方形建筑，当地人称为横屋。说简单一点，实际上就是一个"日"字形平面的楼群，屋面采用前低后高的形式。图为从后面的山坡上看文翼堂的背后

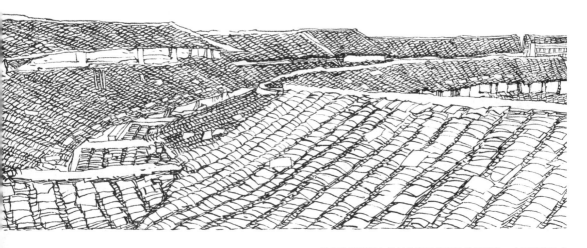

华安县沙建镇上坪村的齐云楼最早建于明代。由于是单元式
圆楼，所以大楼内又有20多个小院，每家的前面都有一个属
于自己的小院。大院是共享空间，小院是私密空间。图为大
院（图的右侧）与外环建筑（图的左侧）之间所形成的一个
个私密天井

能使用，没有任何改建、搭建，而且保存得非常完整，楼内充满温馨的生活气息，居民人口也不拥挤，而且卫生条件很好。二宜楼的确可称为圆楼之王。

　　土楼的外墙是承重墙体，又是防御实体，所以有十分重要的作用。圆楼的外围墙体结构也可以分为三种。一种是常见的夯土版筑，每夯筑半尺，放置一些竹片，以增加张力。事实证明，这种方法很有效。我见到许多后来另外打通的房门，从挖的墙洞中都能看到竹片张力非常强，想抽出来根本不可能，只有把竹片弄断才能挖通。而门的上部刚好就处在某层竹片的高度，可以省去门上承重的过木。

　　另一种墙体是全部石砌，但这种石楼极少，像位于华安县沙建镇上坪村、建于明朝万历年间的升平楼，就是花岗石砌筑外墙，再用三合土版筑夯实内部的隔墙。

　　第三种是全部三合土用粗沙、红土和石灰作基本材料，用糯米汁和红糖水调和。所筑的墙体非常坚硬，甚至用铁钉也钉不进去。这种楼主要分布在漳州地区所属、靠海较近的几个县。

永定区抚市镇的土楼尺度十分高大。图为抚市镇的永隆昌楼。这是一组规模巨大的单体土楼群。永隆昌楼分为新楼和旧楼两大组群，共有92个厅，624个房间，144个楼梯，7口水井，其中主楼包括阁楼高达六层，这组建筑的尺度与气势，一点也不亚于北京紫禁城的恢宏

福建省龙岩市永定区高陂乡的五凤楼，是由许多个单体土楼组合而成的建筑群。从正面看过去，歇山与悬山屋顶的巧妙配合，构成屋宇的参差感

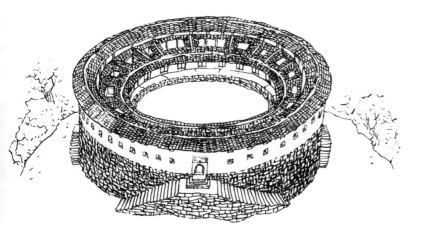

福建省华安县沙建乡上坪村的齐云楼，是一座单元式的土楼。土楼建在一座小山之上，为结合地形而建成椭圆形。正门朝南，东、西还各有一座小门。嫁进来的妇女，第一次从东门进楼，故东门曰"生门"。死了的人从西门抬出去埋葬，故西门曰"死门"

五凤楼的代表作——永定区高陂镇的"大夫第"。院落重叠配以巨大出檐的九脊顶，无论从哪一个角度来观察都显出古朴、庄重、壮观的艺术风格

永定区的福裕楼是吸收了五凤楼屋面造型上富有变化的优点，再将楼四周的建筑加高而形成的方楼。在保持复杂屋顶的同时增强了防御性

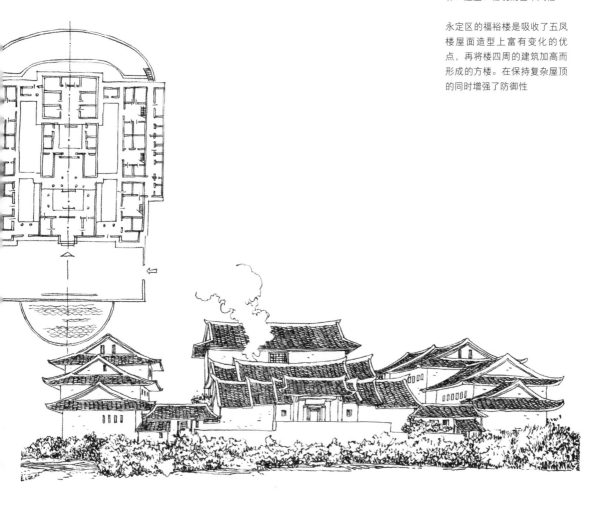

圆楼如果分成几环的话，一般都是外环高、内环低，但也有少数的圆楼例外，锦江楼就是这样的一座建筑。锦江楼位于深土镇锦江村，楼分三环，内环最高，有三层，建于清乾隆五十六年（公元1791年）。中环高两层，建于清嘉庆八年（公元1803年），比内环晚建12年。外环高一层，建造年代就更晚了。锦江楼的造型非常独特。首先是从内到外一环比一环高；再就是楼的外侧上部设置女儿墙，墙内一圈设有走道，有利于防卫；三是建筑的正面设有瞭望楼，

福建省龙岩市永定区高陂乡大塘角村的大夫第

瞭望楼比其余楼层高出一层。从正面看过去，锦江楼具有强烈的防御感。

类似于锦江楼内环高、外环低的圆楼，还有一座是在华安县高车乡的雨伞楼。雨伞楼共两圈，但房顶都是大出檐的形式。雨伞楼在一座海拔900米的小山之上，从下面看去形似雨伞，当地人就取了个形象的名字。其实，雨伞楼和锦江楼的不同之处也很多。雨伞楼的内外环都是两层楼，但建筑基础的等高线不一致，内环在山顶上，基础

高，外环在山坡上环绕，基础低，外环建筑一层的内圈墙就是直接利用山坡悬崖，根本不用再砌墙。所以说，雨伞楼是利用地形最好的一座楼。雨伞楼在高山上，周围环境很好，几棵非常高大的古树簇拥在楼的附近，衬托着建筑，使之更加古朴、淡泊。

方楼形式中比较奇特的要数四个角带耳、平面鸟瞰呈风车状的"卍"字楼了。

"卍"字楼主要在漳浦县，现在全县还保存有六座这种形式的楼。"卍"字楼的平面形式基本一样，即正方形平面的四个角各向外凸出一个半圆形的碉楼。"卍"字楼的高度都是三层，平面的大小有区别。其中一座叫永清堡的"卍"字楼，在楼的外围还绕一个四方形的城墙。

"卍"字楼在方楼中是防御性和艺术性最高的一种平面形式，一旦遭受攻击时它的外墙没有视线上的死角，更有利于土楼的防卫。漳浦县佛昙镇轧内村的人和楼，在主楼外有一圈长70米，宽50米的建筑，建筑的进深只有两

左｜永定区由三栋方楼组合，平面呈"目"字形的连体方楼
右｜当年，锦江楼前面五十米处就是大海，房主人是为了防海盗才建圆楼。现在由于人们在海滩上造田，所以海岸线已经退远了。图为锦江楼的外观，可以明显看出三合土墙体的坚固性

米，房间很小，完全是作为城墙使用的，但在其中一角凸出一个角楼，这可以说是"卍"字楼的雏形。漳浦县赤土乡的万安楼建于明嘉靖年间，主楼外围的城墙在四个角都有凸出的角楼，类似于城墙上的马面，更接近于"卍"字楼的形状。

"卍"字楼的造型，我们不能理解，另外还有些楼的造型就是个谜了。半月楼就是其中之一种。

半月楼最集中的地区在闽南的诏安县秀篆镇和粤东的饶平县饶洋镇。诏安县有半月楼一百多座，其中秀篆县一个镇就有15座。

半月楼的主要特点是，由许多个两层楼围合成一个半圆形平面的大楼，有两圈、三圈，还有四圈围合的。直径也有大有小，像诏安县太平镇的一个半月楼，直径就超过一百米。半月楼的最前面是一个半月形的池塘，池塘和楼正好在正面

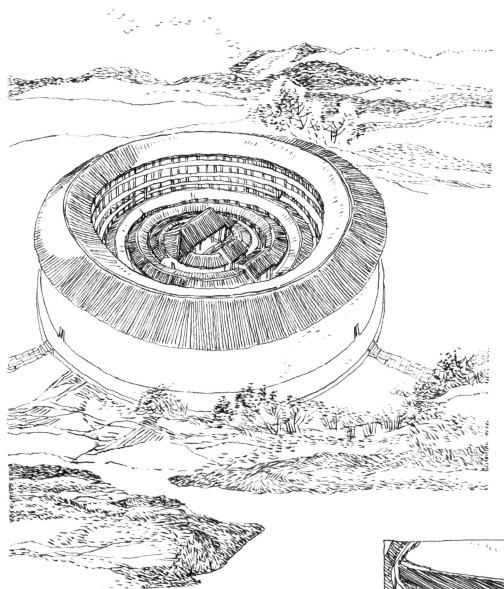

圆形土楼是中国民居中最为吸引人的一种建筑形式，尤其从空中看过去，那环环相套的风格，十分精彩

圆楼内是另一个世界，充满浓郁的生活气息。给人的印象是层次清晰而富于节奏，尺度紧凑而不失变幻。井井有条，络络分明。图为永定区的振成楼，这是一幢富家住宅。内环建筑为一个两层的看台。位于内环建筑一侧的四角攒尖屋顶的建筑是一个戏台

圆形土楼内景一瞥

构成圆形。楼的中心是一座公堂（生产队办公室）和一座祠堂，围绕祠堂和公堂的是半圆形的两层楼房，共四圈，现在已发展到五圈了。

半月楼都没有石刻纪年，不知道确切的建造年代，但都是从里向外，先建房的人家建里圈，后建房的人家建外圈。材料也不统一，但仍然依照这个规律排列。半月楼的朝向都没有规律，朝东朝南朝西朝北的都有，但都是背靠一座山峰，这样的地形可以造成前低后高的气势，也使后面的建筑采光通风更好一些。令人不解的是，究竟是什么凝聚力，让这么多的人家都朝向这一个中心呢？

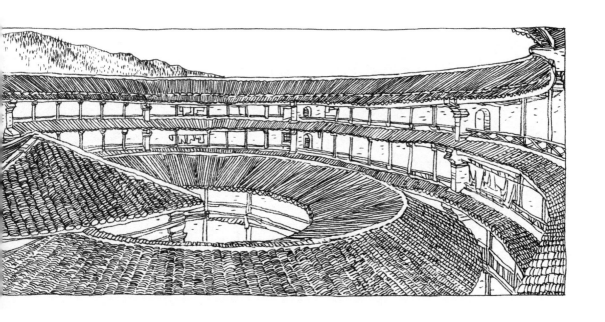

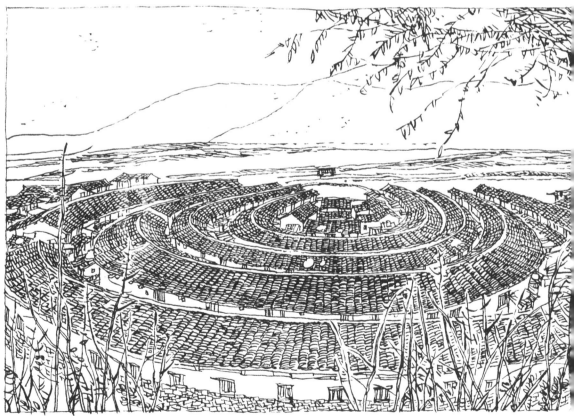

上｜永定区高陂镇富岭村"大夫第"文翼堂

左｜福建省诏安县的半月楼是土楼的另一种形式。在这里每
个小村都按照半月楼的形式聚落布局。由上千间住宅按照这
半圆形的、一圈又一圈的、约定而成的、半月形平面的曲线
而定位营造
右｜永定区的圆楼有三百多座，分布在永定区东部山区

圆楼的形式一直为闽西、闽南的群众喜爱。至亲骨肉，欢聚一楼。正如平和县芦溪镇厥宁楼前的一幅石刻楹联所说的："团圆宝寨台星护，轩豁鸿门福祉临。"

在众多的土楼形式中，最令人感兴趣的要数圆楼了。圆楼主要分为内通廊式和单元式两种。从数量上说，内通廊式的占多数，永定区、南靖县的圆楼均为内通廊式。图为永定区下洋乡初溪村的土楼群

方形土楼具有生动而绝妙的艺术形象，屋顶高低错落的变化，丰富了土墙平整的外形。一座座土楼，犹如一个个神奇的城堡，从外面看时，意境高远，哲理深奥，使人们非常想进去一游

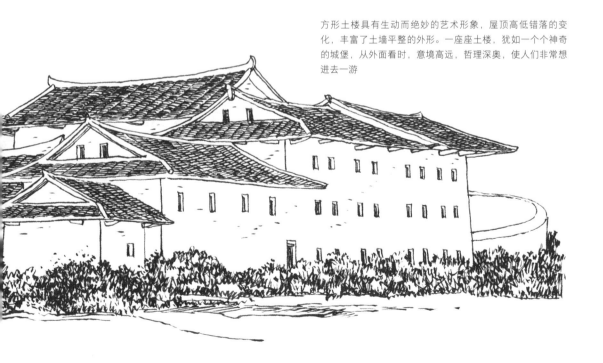

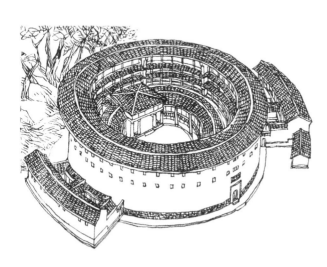

永定区的振成楼是富家住宅，所以土楼外面的东西两侧还有两组附属建筑供佣人居住，楼后面的坡地上还有一个私家园林，供房主散心用。现只保存了主楼，附属建筑与园林均已不存

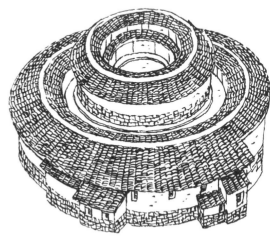

华安县高车乡洋竹径村的一幢圆楼，建在一座海拔900多米的小山头上。由于利用了山头的地形，所以内环高、外环低，从低处看，或从远处看时，土楼的外部形似雨伞，因而人称"雨伞楼"

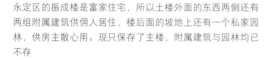

福建南靖县梅林乡坎下村怀远楼

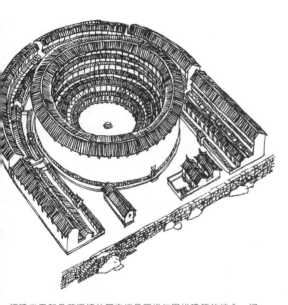

福建省平和县芦溪镇的厥宁楼是圆楼与围拢建筑的结合，辽阔迤逦，气势磅礴。如今许多部分已经坍塌，留下的只是凄然苍茫。图为该建筑的复原想象图

漳浦县深土镇的锦江楼，楼外套楼。在当地，假如内楼高、外圈楼低，人们就称外环建筑为"楼包"。锦江楼三圈相套，从内到外的楼层高度分别为三层、二层和一层

左｜永定区洪坑村振成楼内景

上｜华安县高车乡的雨伞楼
下｜漳浦县的永清堡是一座平面为风车状的三合土楼房

诏安县秀篆镇大坪村的半月楼

赣南围子

"围子"是指一种类似福建方形土楼的民居建筑,而且往往都带有近似于广东开平碉楼那种形式的角堡。为什么叫围子?在龙南县,当地老表称这种方形围拢型的防御建筑为"围",包括围屋、围拢屋、村围等形式。另外,查阅当地

族谱可发现,早在过去人们就称这种建筑为"上堡围""盘石围"等名称,"围"就是"围子"。

一般来说,每个围子都有一个十分典雅的名称,但因为过于咬文嚼字,对一般居民而言,既不好理解也不便记忆,所以几乎每个围子都有一个俗称,像盘安围俗称"沙坝围",燕翼围俗称"高水围"。俗称中使用最多的是"老围""新围""田心围"和"水围"。老围和新围是从建筑的年代先后来说的,有老围就有新围,有新围也必定有老围,即使现在毁掉了其中的一个,过去也必定曾经有过。老围和新围的主人通常是父子关系,也有祖孙关系。田心围则是根据地处位置来说的,过去位于田中,便于防御,故行其名。不过随着人口的繁衍,田心围的周围有时又增建了新的房子,所以往往形成了村,很难见到有保存田心围当初情形的实例。水围这个名字比较费解,万幼楠先生从语音学的角度推测当地"水"与"守"同音,

而水围是守围的谬解，最初老百姓说的是守围，而后来，人们把守围说成了水围，是否真的如此，还有待考证。

为什么赣南人要建围子，得从地理和历史的角度来考察。赣南，也就是江西省的南部地区，现属赣州地区所辖，位于赣江上游，地形如一个"U"字，地势周高中低，平均海拔为五百米，往北流的赣江及其支流，几乎贯穿全境各县。

地域东靠武夷山与闽西地区相连；西傍罗霄山脉同湖南相接；南横五岭和粤东北相邻，面积约为四万平方公里。民谚称："七山一水一分田，还有一分是道亭。"由于赣南地区界四省之交，又重峦叠嶂，所以自宋元以来，这里就是块不安静的土地，小乱不断，大乱总

有，"自古以来，江右有事，此兵家之所必争"。元代一度设"赣州行省"，辖江西、广东、福建；明代后期设"都御使"巡抚赣闽湘交界的"八府一州"；清代设"赣南道"。这种险恶的生存环境，也就成了围子产生的主要原因。

赣闽粤边是客家人的主要聚居地，赣南是客家民系形成的摇篮。

中古时，中州丧乱，大量中原汉人拥入赣南闽西，到了宋元年间，逐渐形成一个独特的汉民系——客家。

此后，客家人继续南迁，明清时由于闽粤客家人口膨胀，导致更大范围的客家人四处迁徙，其中有一大支就近又回迁入赣。赣南现有人口七百余万，其中客家人约占百分之九十，

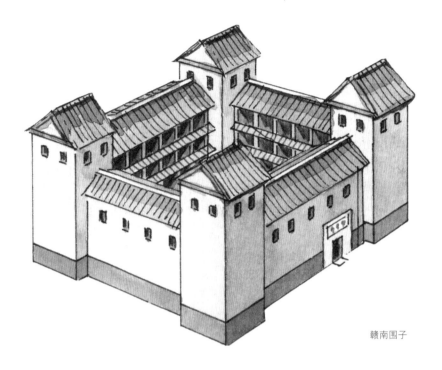

而其中大部分人是从闽粤返迁到赣南的那些客家人的后裔。大量闽粤客家回迁赣南，激起新老客家间争夺生存空间的矛盾。因此，宗族械斗、土客矛盾，也是围子发展的一个重要因素。

客家人受先祖士族门阀观念的影响，加之自身的坎坷历史，形成了一种家族讲宗亲的传统，为了本姓氏宗族的利益，往往为一些小争执而不惜身家性命，宗族械斗结下世仇，以至于数十年上百年不解。从这种事情中就不难理解，为什么当地人要建这么复杂的围子民居。

赣南围子与闽西南的土楼、粤东北的围拢屋有千丝万缕的关系，属于同一建筑文化的不同类型，都是非常强调防御功能的民居。

赣南围子大多分布在龙南市、定南县、全南县（地方习称"三南"）以及寻乌县、信丰县的南部，大致恰好分布在江西南端嵌入粤东北的地区。此外，在石城县、瑞金市、会昌县分布有少量小土楼和零星围子。据估计赣南围子现存总数在500座以上。

围子以龙南市最具代表性，也最为集中。像杨村、汶龙、武当等乡镇，往往一个较大的山谷村庄，就有七八座围子，不过不像福建土楼那样形式简单、外形整齐。龙南市的围子中，以燕翼围和新围最为著名。

俗称"高水围"的燕翼围位于龙南市杨村镇的镇子里，这是一座外墙全部砖砌的围子，燕翼围的周围很早就建了房舍，形成巷子，在正对巷子口对面的墙上还有泰山石敢当。

燕翼围的赖姓房主人最早是靠放木排致富的，赖氏有钱后就自然成为别人抢掠的对象。清顺治五年（公元1648年），广东的一帮土匪要来洗劫杨村，赖氏闻讯后立即携钱寄宿在外村一个姓廖的人家里。廖氏发现赖氏身怀巨款，便计划谋财害命，但赖氏察觉了此事。到了晚上，他让一个老实憨厚的长工睡上自己的床，结果夜里这个长工被廖氏误当作赖氏给杀死。

有了这个经历，赖氏决心自己建座能防土匪、保安全的围子，燕翼围就是这样建起来的。因为当年是广东土匪要来袭击他，于是燕翼围的大门不朝南开，而朝东开，另外，碍于风水，大门朝正东有煞气，所以围子的正立面朝东，而大门略偏南向。这种大门略偏的处理在赣南围子中十分普遍。

燕翼围由于外墙是青砖的，所以更显得牢固、威严。当年我在围子凸出带炮楼的那一个大间里往外看，可以看到三个方向的枪孔，这种枪孔，从外面乍看很小，但里面却很大，人可以趴在枪孔里向外射击。从枪孔的部位测量外墙的厚度，厚达1.45米，是相当坚固的。

燕翼围高四层，底层基本都是用石料建成的墙体。不要说子弹，就是炮弹轰击也问题不大。抗日战争时期，日军入侵龙南时，曾经到杨村扫荡，日本人来到围子门口，用枪托砸了几下大门，由于大门坚固，又包了铁皮，日本人无可奈何，对着楼开了几枪也悻悻地走了。事实上，燕翼围的门有三层，外面是铁门，中间有闸门，里面是木门。除此之外，门上还有注水孔，即使是火攻，也无济于事。围子之所以不怕围困，还有一个原因，就是楼内的墙皮是用蕨粉做的，在长时间被围困时，一旦粮食吃完，楼内的人还可以吃墙皮。

一般而言，燕翼围的防御功能比福建土楼考虑周到。燕翼围的枪眼分布在每个楼层，而且总平面上有几个凸出的碉楼，所以没有射击死角，敌人从任何角度都不可能靠近围子。围子顶层设有通廊，而且紧靠外侧，便于战时调动兵力，来阻击进攻最强的一侧的敌人。围子的顶层不住人，以免因乱堆杂物而阻塞通道，顶层房间没有后墙将房间与隐通廊隔开，也没有门窗将房间和中间的院落隔开，阻击者易于从外侧的走廊回顾楼内的情况，一旦其他楼面需要增援，非常容易相互招呼。

龙南市关西镇的新围，占地达到7300平方米。除了一圈的围楼外，围子的里面还有一片祖屋。除了宅屋外，还有与之配套的花园、杂物间和佣人住房等。房屋之间用廊、墙、圆门、坊门、角巷连通或屏隔，使之具有强烈的秩序感。

新围可以说是赣南围屋中最精彩的一例。围子不但宽敞，而且建筑材料精美，装饰丰富。新围约建于清朝嘉庆至乾隆年间，创建人徐名钧年少嗜赌，后来浪子回头，随父亲从事放木筏生意。一开始老是亏本，因而不想再放木筏。后来，他遇到一位相术师，经相术师看相后，认为他定会因放筏赚大钱。于是他决定继续放筏。有一次外出做生意时，他救助了南昌知府的儿子，因而被知府召见。徐名钧讲述了自己做生意不顺的经历，知府表示同情，于

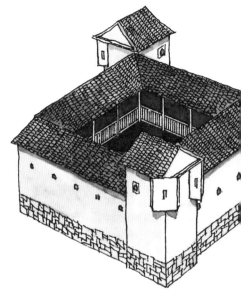

赣南围屋（二）

赣南围屋（三）

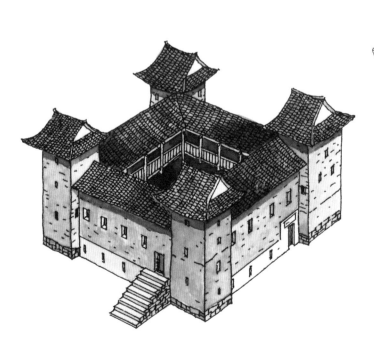

赣南围屋（一）

是便将他的木材统统打上府印，这样，他的木材享受了免税的待遇，从此徐名钧便发达起来。他又在龙南和赣州等地经营当铺，购买田产，家业越来越大，终于有实力建起了新围。

关西新围的老围叫西昌围，尽管规模较大，但内部格局也较乱，多个中心，没有规律，而新围在赣南则是卓然超群的，建筑结构也保存完好。新围长92.5米，宽83.1米。围屋周边建筑高两层，四角（角堡）高三层。外墙下

部是三合土（石灰砂浆、卵石、黄泥）版筑，上部是青砖砌成。

新围有东西两门，东门进轿、西门入马。围内主要建筑为三排，每排分五组，每组三开间。三排的中间一组都是开敞的大厅，形成一个三进的大型祠堂，都是水磨方砖铺地，镂空的雀替、雕花的柱础。祠堂门前有一对石狮，造型俊秀别致。有趣的是围内还有月洞门、花园等类似江南园林的建筑，据说是徐名钧在苏州做生意时，娶了一个苏州姑娘做爱妾，因而将围子建得有些苏州味。

典型的围子，平面为方形，四角构筑有朝外凸出1米左右的炮楼（碉堡），外墙厚约0.8~1.5米之间。围子外观高二至四层，四角炮楼又比普通外围房屋高出一层。外墙上均不设窗，但在层楼上设有一排枪眼，有的还设有炮孔。

赣南围子与福建土楼最大的区别在于，围子筑有朝外和往上凸出的炮楼。这些炮楼形式多样，除四角建堡外，也有对角建的，少数还有在墙中部建的，如同城防的马面突出在外。还有一些炮楼不落地，而是抹角悬空横挑，也有的在炮楼上抹角再建出挑的小碉堡。另有一些则只朝外凸出而不往上突出。其功用显然是为了便于警戒和打击已进入围屋墙根及瓦面上的敌人。因

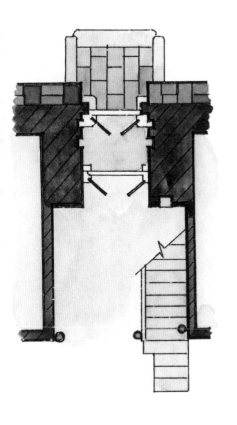

左上｜赣南围屋燕翼围剖面图
左中｜赣南围屋燕翼围大门剖面图
右｜赣南围屋燕翼围大门平面图

左下｜赣南围子的造型各异，形式多样，墙体
材料也很具变化。围子的炮楼设置也不固定。
图为龙南市某围子，炮楼设在围子的四个拐角
的位置

此，与福建土楼相比，避免了单纯
的被动防御，消减了死角，使防卫
功能趋于完善。

　　围子外墙所用材料多种多样，
有砖、石、土、三合土。赣南山区
多小溪，溪流多卵石，当地居民就
地取材，用卵石建围子。经过长年
磨滚出来的河卵石，石质坚密，大
小不一，既圆且滑。在工匠精湛的
砌艺下，成了建围的优质材料，而
且具有重复使用性。居民利用坍塌
老围子的卵石再建新围屋。河卵石
不仅大量用于砌墙，且广泛用于铺
砌围屋内的散水、露天过道、门坪

等，且多用俗称为"金包银"的砌法，也就是1/3的外皮
墙体用砖或石砌，2/3的内面墙体则用土坯或夯土渗筑。
不过砖石与生土质地不同，冷热胀缩不一，年代一久，往
往导致表层砖石墙体出现裂缝或剥塌。

　　围门，是围子最容易被攻破的地方，为了加强围门的
防御功能，门的位置多设置在近角处，使门纳入角堡的监
护之下。门墙特别加厚，门框往往是由巨石制成，一般有
三重门。第一道门为厚实的板门，板门上包钉铁皮，门后
再置几道粗大的门杠。第二道门是自上而下的闸门，是战
斗情况下使用的防御门。第三道门则是木头制造的便门。
此外，很多围子在第一道门前，还备有一重自门框上伸
出的栅栏门，俗称"门插"，这种门里外的人都能相互
看到，是白天使用的一种门，既通风，又能挡住外人的
闯入。

有时当围子的两角相近时，人们便用一堵墙把两角连接起来，如此，村子的外围都是高墙围护，这样就形成了村围，增强了全村的防御能力。村围的历史较短，大概是在晚清时期修建的，其原因是当年出于全村的防御需要，居民不得不将村子的外围全部筑上高墙，形成整个村落联防的寨堡。

村围的形式可谓五花八门，应有尽有。村围有单姓的，也有不少各个姓氏合筑的"十姓围"。不过村围的墙体只是较厚，并不像城墙那样在墙上还可以走人。至于村围的防御主要在于围绕村庄的墙体拐角处耸立的若干个碉堡。

定南县历市镇修建村的一个何姓村围，人称老围，据楼内的老人说，围子首建于明代末年的隆庆年间，他们是从广东返迁回来的客家人。围子楼内平面复杂，巷道多为弯曲形状，还好脑海里尚有整体布局的概念，所以我不仅顺利找到了正中的祠堂，而且也找到了几个不同位置上的大门。说实话，这个围子建筑简陋，房屋拥挤，像是一

群落荒逃来的难民，蜷缩偎依在一起，临时过着贫民窟生活。

　　老围的旁边地势较高，所以从上向下俯瞰过去，那鳞次栉比、黑压压相连的屋顶，遮掩庇护着这些从外乡迁来的客家人，在这几乎不透阳光的空间中，邻里间炊烟相接。我想，这些居民为了防止外来侵害，得以生息繁衍，就用这种简单的围屋将自己重重包裹了三百多年，真是不容易。

　　村围中，我所见过外部景观最好的是龙南市武当镇岗上村的叶姓寨堡。这个村围建立在一座小山上，要进入村围，必须先过一座古老的石桥，石桥后是古老的大树。过

由东生围房主人第五个儿子建的"尊三围"，有一段令人难忘的故事。1933年，红军赤卫队将尊三围作为据点，但不幸被国民党军队包围，围内200多人坚守了40天，顶住了飞机、大炮和步兵集团的冲击，飞机轰炸最多时，一天达十余架次。最后国民党军队收集了四乡稻草，捆成大草垛浇上水，滚推前进，这样才接近并攻入围屋。攻入后围子被焚毁拆平，围内的守军及老少被尽数杀戮或活埋。现在围子只剩下一大片石头的基础部分，围内的荒草在萧瑟的微风中沙沙作响。像是在讲述围子的防御能力及这段悲壮的故事

桥时，那潺潺的流水声自然会把人带入一种意境：听涛、观松。古树的背后透出村围入口的石阶。石阶是一条长长的道路，由于历史太久，所以石头上长了青苔，缝中还长出了青草，石踏步的上面是古老的寨门。

走进村围，里面的空间布置有疏有密，我们穿街走巷，去寻找侧门或后门，可半天也没找到，最后只好问老表。他带我们穿过别人家的厅堂，指出了去侧门的道路。要说我们迷路出不来了，这不对，因为我们可以回到正门，但复杂的平面布置使我们如入迷宫却是事实。

从山上远眺安远县的镇岗乡老围村的东生围

围子的防御功能十分完备，图为龙南市某宅拐角处炮楼的周到设计，其枪孔朝向四面八方，没有一处射击死角

广东省梅州市南口镇某围拢屋

▌客家围拢屋

　　提到客家民居，人们自然而然会想到福建土楼。从福建土楼的形式中，我们可以看出客家人喜欢聚族而居的习惯。除了福建土楼外，客家人还有一些奇特的聚族而居的建筑形式，围拢屋就是其中之一。围拢屋是在一个方形院落的后部再加上一圈或几圈半圆形的围屋，因而得名。

　　广东省梅州市客家围拢屋一般选址在前低后高的山坡上，如在平地建屋时，人为地将后面建筑的地坪抬高，并在建筑的背后种上大树，形成依托。建筑的朝向并不固定，依照风水原理和每家的具体情况，各个方位都有。

一般来说，围拢屋的前面常常设置门楼。门楼的位置在围拢屋的左前侧或右前侧、在月塘的后边。门楼一般都带有小屋顶，屋顶的两侧是封火山墙。

门楼的里面是一个晒禾坪，这种民居在正立面前设晒禾坪的布置方式，和福建泉州的红砖民居有些接近。梅州围拢屋的晒禾坪前面是一个半月塘，月塘的大小随围拢屋正立面宽度的不同而不同。不过一般来说月塘的宽度是和厅堂两侧的第一圈横屋外侧一样宽，以这个宽度形成半圆的月塘。而第一圈横屋以外的第二、第三圈横屋或家塾、牲畜房等，往往不在月塘的范围之内。

晒禾坪的后面就是民居建筑群。一围的围拢屋正面一般有三个入口，两围的有五个，三围的正面就有七个入口了。当然最精彩的还数中间的入口。

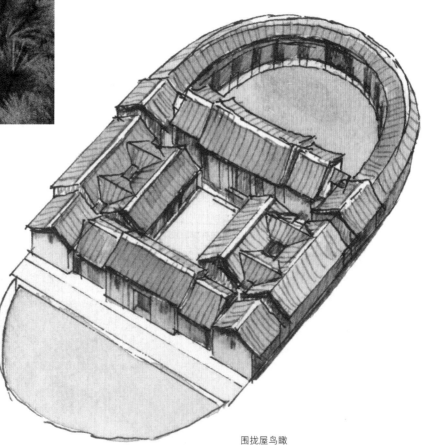

围拢屋鸟瞰

中间的入口是装饰的重点。常见的形式是：门前设廊，而且有两根柱子，形成三开间的形式。廊子的顶部一般都是卷棚式的装饰，柱子上面的月梁往往带有雕刻精美的瓜柱，瓜柱有的刻成狮子的形状，因此能发挥木雕的特性。廊下的三面墙壁也是装饰的重点，但梅州民居一般都是使用彩画作为装饰，而不像其他地区入口处的墙壁，使用水磨砖墙作为装饰。

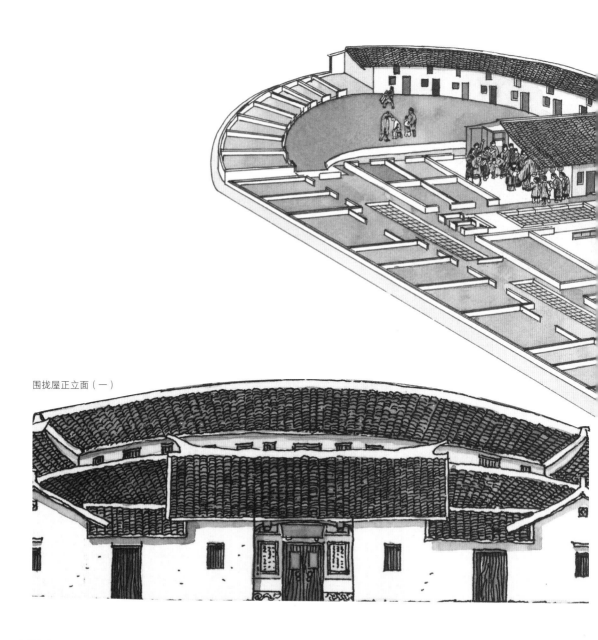

围拢屋正立面（一）

围拢屋正立面（二）

围拢屋剖透视

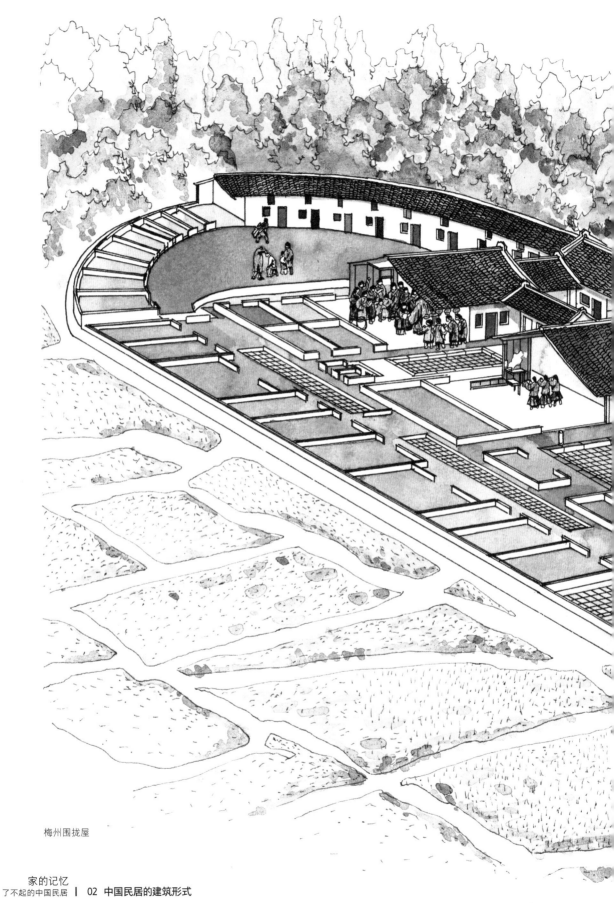

梅州围拢屋

梅州市南口镇南华又庐俯视

客家民居大门都做得非常牢固。首先是门扇的木料很厚，其次是设置两个以上的门闩，再就是两扇大门带有企口，一扇凹，一扇凸，对应关严后，没有透空的门缝，所以外人无法用刀片或竹片拨开大门门闩。

进了大门，里面设置六扇屏风门，屏风门是木雕的重点。梅州围拢屋屏风门窗棂格的木雕一般都是图腾式图案，雕刻花草、鸟兽、文房四宝、八仙等题材，而不是几何纹样如方胜、回纹、亚字等图案。屏风门平日不开，只有重要客人来或家里有红白喜事时才打开。

门厅的顶部是围拢屋中装饰最好的部位之一。这可能是因为客人

梅州围拢屋的隔扇门窗木雕精美，而且十分具有本地特色，风格迥异于其他地区的民居

一进门厅，正面是精美镂雕的屏风门挡住视线，客人必然要顺便回顾一下四周。一抬头，便能看到头顶的装饰，这样才能给客人留下良好的第一印象。顶部并不设天花，而是暴露出椽子和望砖。不过讲究的围拢屋，椽子、檩子和梁上都有彩画，彩画都是复杂的几何纹样，让人叹为观止。

梁上的瓜柱多是明代以前的风格，带有优美的鹰爪凸饰。我调查的围拢屋基本都是清代建筑，有的还是晚清民国建筑，但建筑构件保持古老风格，说明客家人有强烈保存自己祖先建筑特点的作风。

门厅的里面是第一进中天井，中天井的两侧是花厅，花厅往往三面围合不带门，但朝向中天井的一侧开敞。花厅是接待客人的地方，所以墙的下部还有彩画。不过彩画一般以黑白为主，彩画的内容多是缠草纹图案。

中天井的后面是中厅。一般理想的客家围

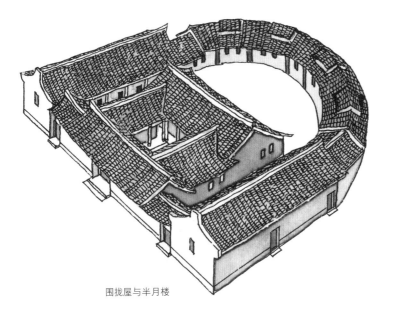

围拢屋与半月楼

围拢屋的规模
——二堂两横加围

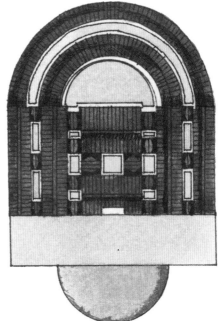

围拢屋的规模
——二堂四横加围屋平面（一）

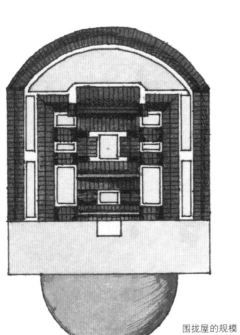

围拢屋的规模
——三堂四横加围屋平面

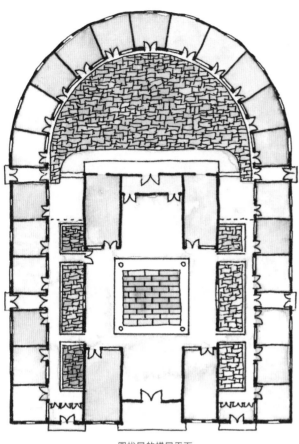

围拢屋的横屋平面

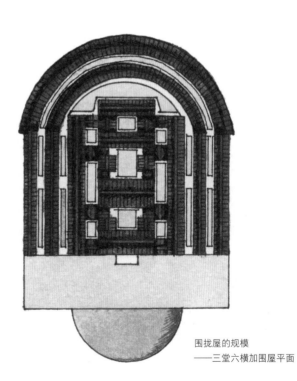

围拢屋的规模
——三堂二横加围屋平面

围拢屋的规模
——二堂四横加围屋平面（二）

围拢屋的规模
——三堂六横加围屋平面

拢屋的平面是"一进三厅两厢围"。门厅是下厅，中厅的后面是上厅。但我在调查中发现不少人家可能限于财力，故只建两厅。如果只有两厅的话，中厅则设祠堂，如果有三厅的话，中厅则是家族重要公共活动的场所。

中厅的两侧房间一般是父母居住的地方。如果父亲有妻和妾，则两房一左一右分住。中厅的后面就是上厅了。

上厅是设置堂的地方，供奉祖宗牌位。客家人是公元4世纪前后，为避战祸而流落江南的中原汉人。他们所到之处，比较平坦的地方已经有人居住了，所以只得选居山区和丘陵地带，因而人们常说"逢山必有客，无客不住山"。客家人在长期的特殊环境中，形成了艰苦奋斗、克勤克俭和开拓创业的精神。这种精神依托于强烈的根源观念，客家人常说"挺起腰骨来做人""宁卖祖宗田，莫卖祖宗言"。这些特点，都能表现在他们对于宗族的团结、对于祖先的尊重、对于传统的怀念上，祠堂就是客家民居的一个重要部分。梅州客家民居的祠堂就是设置在围屋的正中，由一家人环绕保护着。上厅的两侧房间，是祖父母居住的地方。

上、中、下厅的两侧是横屋，横屋是子女居住的地方。横屋中一般也对称地设两个或四个厅，也就是一面开敞不设门窗的房间，在建筑学上称这种空间为灰色空间。由于这些侧厅不是家庭中心，所以现在人们在这里放置沙发、缝纫机、饭桌、书桌等，不仅采光好，而

梅州市西阳镇白宫新联村的棣华居

上 ｜ 围拢屋空间最奇妙的地方在于最后围拢屋的半圆形院落，其院落中心地面缓缓凸起，像一个龟背。图为月牙形院落的一个角落处

下 ｜ 围拢屋的整体建筑形式，反映了在农业社会，客家人的传统文化精神以及家庭伦理观念。图为梅州市南口镇的宇安庐，围屋为两层建筑

围拢屋里生活的人们生活安
定，心理上自然会产生一种不
会被外人打扰的安全感

这一盆一景的院庭，正符合中
国人心灵潇洒的意境。这是某
围拢屋祖堂前的天井院

广东省梅州市梅县区南华又庐
平面

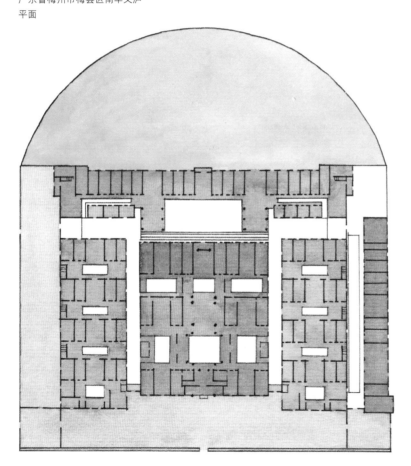

且通风、凉快。

梅州围拢屋的一个重要特点是屋面相连，从空中看下去，屋面是一个个的十字交错的方格，里面是一个个的天井，只有最后才是一个半圆形的围屋。所以，围拢屋的每一个天井，都是"四水归堂"的形式。而人在里面行走，到处都有廊子和过厅，晴天避暑、雨天避水，十分方便。

围拢屋正中的房间，也是个一面开敞不设墙壁和门窗的厅。这个厅叫"龙厅"，一般作为祭祀祖父母或曾祖父母的地方。所以，龙厅的一侧墙上，往往还挂着祖父母的大照片。

梅州围拢屋和福建的半月楼不一样。首先，围拢屋是一家一户的宅子，而半月楼是一个村庄，不同姓氏的人都在一个半月楼里。其次，围拢屋是统一建成的，而且横屋与厅相互之间有廊子相连，形成一个个的天井；半月楼的中心祠堂建筑和围绕的建筑是不相连接的，各是各的独立体，而且半月楼的围拢房屋是各户独自修建，相连而成的建筑，所以布局不如梅州围拢屋完善。再次，半月楼是包括整个村庄的两层楼建筑，所以规模大，而且所有建筑的等级一致，每间都住人；而梅州围拢屋大多数是一层建筑，除横屋住人外，后面的围拢建筑只作为辅助用房使用。

▌开平碉楼

开平碉楼是中国民居中西结合的一种形式，主要建造年代在20世纪。但追溯其历史，可以远至明代。

开平市位于广东省的中南部，其赤坎镇一带旧称驼驮，过去是一片湿地，芦苇丛生，水鸟成群，最初到这里来定居的人是芦庵公。明末崇祯十七年(公元1644年)社会动荡，盗匪常常袭扰百姓，为保护村民的安全，芦庵公的第四个儿子，关子瑞在井头里村兴建了一座瑞云楼。这座楼非常坚固，有防洪和防盗两项功

能，一有洪水暴发或贼寇扰乱，井头里村和毗邻的三门里村的村民就到瑞云楼躲避。随着时间的推移，两个村的人口不断增加，而楼的容量又有限，再遇紧急时，总是人满为患。在水患人祸不断发生的日子里，为了保证自己和家人的安全，居住在三门里村的芦庵公的曾孙关圣徒决定在村中兴建一座更大更坚固的楼。

这座楼建于清代初年，坐北朝南，楼高大约10米，共有三层。楼的占地面积约152平方米，算是比较大的楼。这座楼的墙壁全是用

开平碉楼鸟瞰

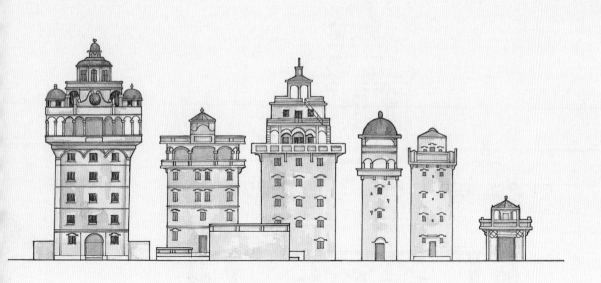

开平碉楼立面

广东省开平市长沙镇某碉楼，非常重视上部楼层及楼顶的装饰

一种较大的红砖砌成的。我量了一下，砖长33厘米，宽15厘米，厚8厘米，墙体的厚度竟达到93厘米，接近1米之厚！

修建这样一座楼的确要花不少钱，所以关圣徒建到一半时，发现钱已不够建完楼。据说，他的夫人谭氏见此情景后，拿出私蓄，楼才得以完成。为求吉利，关圣徒将此楼命名为"迎龙楼"。

从平面上看，这座楼呈长方形，但四个角各突出一块。每层的四角都有枪眼，最下面一层的正立面开有一个拱形顶的小门，门的两边各开一个四方形的小窗户，二层和三层的正面各开三个四方形的小窗户。从平面上看，每一层都分中厅和东西耳房。从造型上看，楼顶是传统的硬山式屋顶，而且屋顶很小，前后并不出檐。

别看迎龙楼其貌不扬，它可是开平碉楼的起源。

三门里村及其附近等村的地势低洼，房屋易遭洪水淹浸，有时一年发生数次洪灾，百姓苦不堪言。史书记载，清朝光绪甲申年(公元1884年)和戊申年(公元1908年)的两次特大洪水，各村的房屋几乎都被淹没过顶，但躲进迎龙

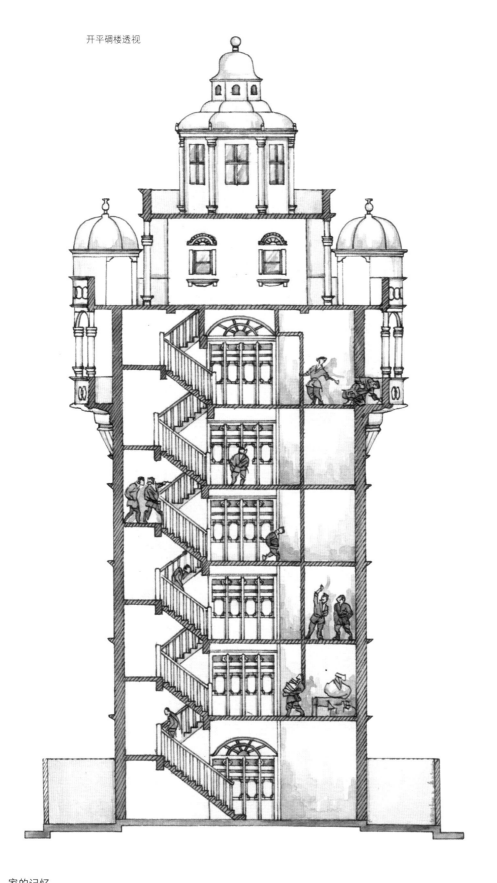

开平碉楼透视

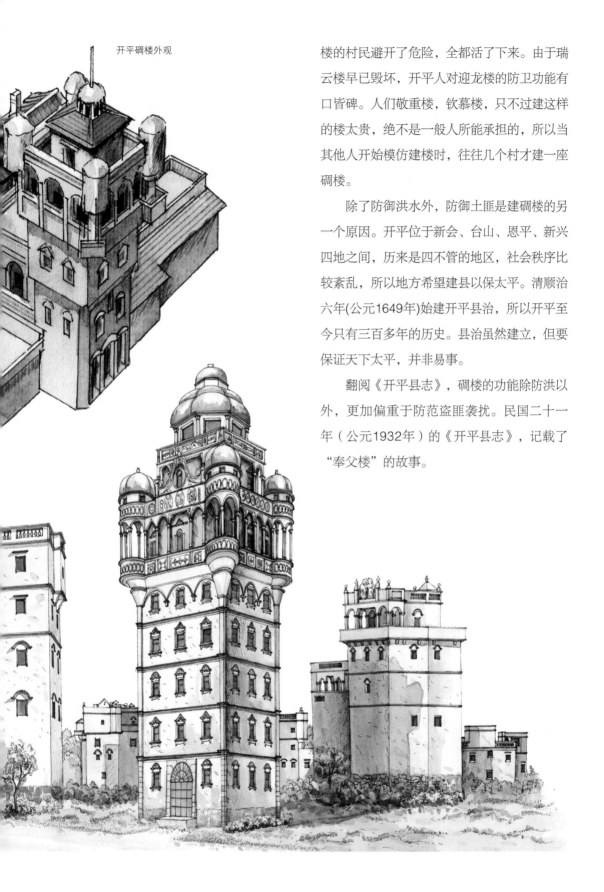

开平碉楼外观

楼的村民避开了危险，全都活了下来。由于瑞云楼早已毁坏，开平人对迎龙楼的防卫功能有口皆碑。人们敬重楼，钦慕楼，只不过建这样的楼太贵，绝不是一般人所能承担的，所以当其他人开始模仿建楼时，往往几个村才建一座碉楼。

除了防御洪水外，防御土匪是建碉楼的另一个原因。开平位于新会、台山、恩平、新兴四地之间，历来是四不管的地区，社会秩序比较紊乱，所以地方希望建县以保太平。清顺治六年(公元1649年)始建开平县治，所以开平至今只有三百多年的历史。县治虽然建立，但要保证天下太平，并非易事。

翻阅《开平县志》，碉楼的功能除防洪以外，更加偏重于防范盗匪袭扰。民国二十一年（公元1932年）的《开平县志》，记载了"奉父楼"的故事。

开平碉楼私人住宅式碉楼

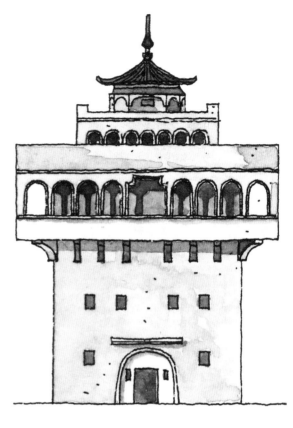

开平碉楼私人住宅式碉楼

　　清代初年，盗贼十分猖獗，不仅夜闯民宅、杀人、抢劫，而且还常常绑票勒索钱财。一次，许龙的妻子被土匪掠走上山，土匪派人捎信来勒索赎金。许龙的儿子许益赶快将钱备齐，准备和匪徒商量议赎的问题。这时，许龙的妻子暗地托人捎来口信："母不必赎，但将此金归筑高楼以奉尔父足矣!"当天夜里，许龙的妻子乘匪徒不备，从山上投崖而死。许益便遵照母亲的遗嘱，修建了一座"奉父楼"。

　　朝代的更迭，往往带来社会的动乱。辛亥革命以后，由于军阀割据，战乱频繁，土匪乘机抢劫百姓。民国十一年（公元1922年）

十二月的一个夜晚，一大群匪徒劫掠赤坎开平中学。旁边鹰村碉楼的探照灯一下子打开照射，四处的乡团闻讯及时截击，救出校长及学生十七人。

　　这件事一下子轰动了开平，在外地的开平人得知后也十分惊喜，觉得在防范匪患中，碉楼确有作用。因此，他们宁可在外节衣缩食，也要集资汇回家乡建碉楼。开平人一下子兴起了建碉楼的风气，人们不断总结经验，国外的华侨又把西方的先进建筑技术介绍过来，中西融汇，华洋并举。

　　开平碉楼的建筑占地普遍不大，人们追求

的是高度，这样可以瞭望，晚上便于射击。从一些碉楼的废墟或断壁残垣中可以看出，墙体结构往往是生土材料。生土墙又分为土坯墙和版筑墙两种形式。

土坯墙建造得快，只要土坯干透以后，一次就能从底部砌到顶楼。为了延长土坯的寿命，人们还常常在土坯墙的表面，先抹上灰砂，然后再抹一层水泥，这样可以防御雨水的冲刷，也能防止枪弹的射击。

版筑墙是用黄泥、石灰、砂子和红糖水混合拌成的三合土材料，在两块大木板中使劲夯制而成墙的。开平碉楼的夯土墙都不厚，一般也就30厘米左右，比福建土楼的墙体要薄很多了。不过，三合土的坚固程度和低标号的水泥墙硬度相等，抗张力甚至更大。但是这种夯筑法很费工时，要等先筑好的墙体干透之后才能再筑上面一段，所以体积庞大的碉楼一年内不太可能完成。

开平碉楼在村落中的位置

用生土材料砌成的墙体占大多数，更有全部用钢筋水泥墙体的，但这种楼造价太贵，所以极少见到。当时水泥是依靠进口，所以人称"红毛泥"，水泥是用1米多高的木制圆桶装的。碉楼的楼板有用钢筋水泥楼板的，也有用木地板的。有的钢筋水泥楼板是水磨石的，光洁美观，底层还用方形釉面砖铺地，十分平整。有的碉楼内的楼梯扶手做工精细，展现欧式风格。

碉楼内部空间普遍不大，尽管每层都有窗子，但窗户很小。所

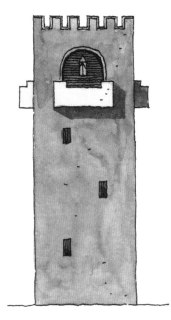

开平碉楼三合土墙体

开平碉楼青砖墙体

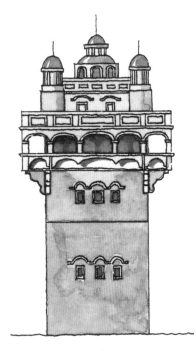

开平碉楼楼顶有塔楼装饰

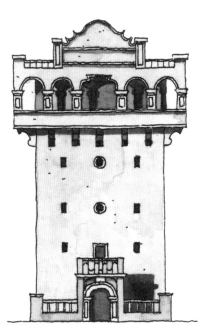

开平碉楼带阳台中式山墙

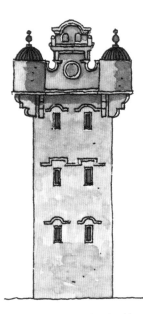

开平碉楼纯防御私家碉楼

开平碉楼众人楼

以，碉楼只是作为应急使用，一旦发生情况，全族人或全村人都躲入碉楼，一到天亮，大家再回平房休息。在贼匪猖獗的年代，一般碉楼上有年轻人驻守，看管上面的火炮、铜钟、警报器、探照灯等防范装置。

碉楼的造型有许多种，但绝大多数的形式为一个平面是正方形或长方形的高塔形建筑，建筑的最上层出挑一圈环廊或一圈阳台、几个挑斗。在出挑的顶层四边都设有枪眼，出挑的部分楼板上也有长条形的枪眼，以便向下射击，使匪徒不能接近碉楼。枪眼的形式除了长条式的以外，还有圆形的、"T"字形的。枪眼的设计为外小内大，和军用碉堡的射击口外大内小的设计恰好相反。

除顶层设枪眼外，其余各层都有小窗，小窗内有竖向的铁条，外面是用超过3厘米厚的进口钢板做的钢窗。小窗的目的是平日用来通风和照明，一旦有匪情，关上钢板做的窗扇，外面是一个平面，枪弹

开平碉楼造型

不同造型的开平碉楼举例

无法射入。碉楼的底层设一个小门，门都是钢板的，闩上后，外面人打不开，也撬不开，而且上面还有枪可以射击，匪徒根本无法靠近。

碉楼的下部分形式都大致相同，只有大小、高低的区别。大的碉楼，每层相当于三开间，或更大；小的碉楼，每层只相当于半开间。最高的碉楼是赤坎乡的南楼，高达七层，而矮的碉楼只有三层，比一般楼房高不了多少。

碉楼的造型变化主要在于塔楼顶部。从开平现存的1400多座楼来看，楼顶建筑的造型可以归纳为100多种，但比较美观的有中国式屋顶、中西混合式屋顶、古罗马式山花顶、穹顶、美国城堡式屋顶、欧美别墅式房顶、庭院式阳台顶等形式。

开平碉楼的主要功能是瞭望和防御，因此，人们普遍重视碉楼的高度，以及碉楼顶部的瞭望台、射击孔的造型设计。使人感兴趣的是，开平碉楼各家有各家的风格，各家有各家的独到之处

右|开平碉楼是中国民居中洋为中用，古为今用的代表形式。国外的各种建筑艺术手法都被当地工匠所吸收

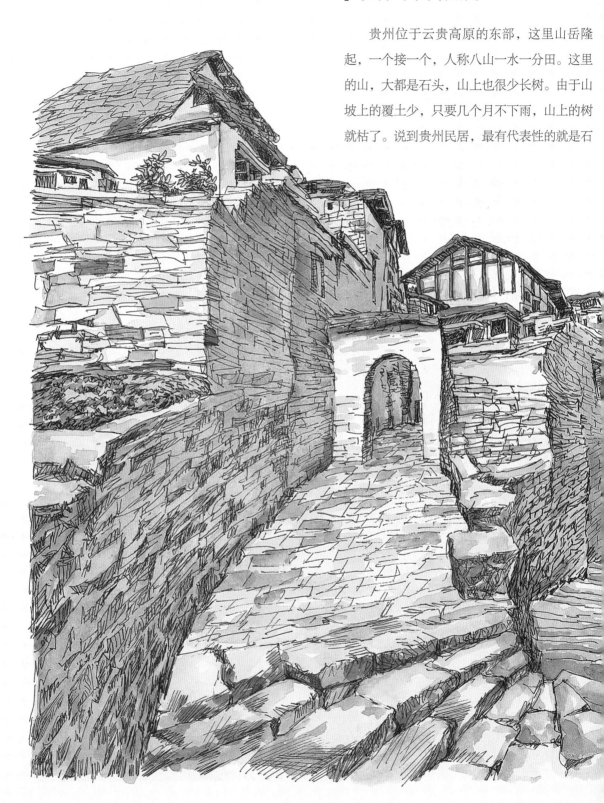

贵州石板房

　　贵州位于云贵高原的东部，这里山岳隆起，一个接一个，人称八山一水一分田。这里的山，大都是石头，山上也很少长树。由于山坡上的覆土少，只要几个月不下雨，山上的树就枯了。说到贵州民居，最有代表性的就是石

贵州石板房外观

安顺地区的布依族居民，普遍居住在石板房中

板房了。

　　贵州石板房可以大致分为两个集中的地区，一个是贵阳市周围的郊县，另一个是安顺地区的几个县。石板房是用石头砌墙，用石板铺顶当瓦的一种民居，从外面看完全是石头的。不过石头房的真正结构是木头的，墙体并不承重，是木头架构支撑的楼板和房顶。简单地说，是木头构架穿石头"衣裳"。

　　从造型上看，贵阳附近的石板房为悬山

式，而安顺地区的石板房为硬山式。贵阳地区的石板房在三开间的中间一间留出一点开敞的空间，类似于一个门廊，称为门斗。但安顺地区的石板房就是一个方盒子上面加屋顶。

　　石板房的石料大都采自岩层平缓的石灰岩。这种石头处在同一岩层时，其厚度都相当均匀。一般2厘米厚的做屋面上的瓦，3厘米厚的做板壁，4厘米厚的做水缸等容器，5厘米厚的铺地。开采石料不必经过训练，只要有力气，人人都能做。在石板上按需要的尺寸画线，然后沿墨线用凿子把线凿成凹线。等下过雨后，石层之间已经浸透了水，用工具一撬即可掀开一层。

　　从房顶上看，石板房是最有特点的了，那石片瓦上层叠压着下层。贵阳一带常用50厘米×50厘米的方石片整齐地摆放，这种屋面整齐美观，显得轻盈。安顺一带常用异形的乱石片铺屋面，而要将各种不同形状的石片铺得像

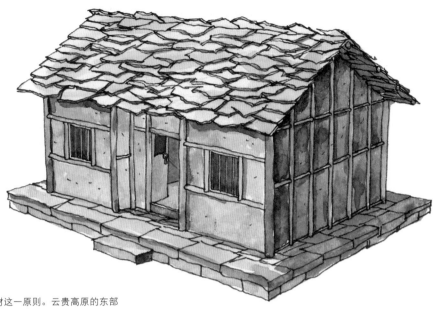

贵州石板房墙壁暴露木构架

中国民居的建造最注重就地取材这一原则。云贵高原的东部石板多，人们便建石板房。从外面看，建筑完全是石头。由于建筑依山而建，所以建筑所构成的空间上上下下，时而穿过门洞，时而穿过建筑底层，十分富有变化

瓦片一样，又不至于叠得太厚，是多么不容易啊！在屋面的转弯处，石片自然形成弧线，不像瓦屋面那样，留出排水沟。尤其是石片房顶不用脊瓦，在屋脊处采用一侧屋面的石片向上伸出，压住另一侧屋面的做法，这样完全防止了漏雨，是极富创造力的做法。不过，石片屋瓦十年左右要翻修一次，将风化的石片换掉。

典型的石板房为三开间，除堂屋是一层外，两端的房间各为一楼一底。最原始的石板房其中一端为人、牛共用的空间，人在上层住，牛在下层住，但上下并不完全隔开，人可以低头看到下面的牛。这是因为牛对农民的耕作有很大的帮助，人必须保护好牛。人和牛都从堂屋入室。后期的一种石板房，人和牛仍然同居上下屋，但牛不再经堂屋入圈，而是在正立面开一个牛圈的入口，牛直接入圈。现在的大部分石板房，牛都不再和人同居上、下楼，牛圈从人的住宅中分出，另外单独建立牛舍。堂屋设祖堂(汉族)或家神(布依族)，两端的次间楼上储物，楼下为卧室。厨房也设在楼下的一端，但这一端的房间被分为前后两部分，前为卧室，后为厨房。截至20世纪90年代中期这三种形式并存，在关岭布依族苗族自治县白水镇的滑石哨寨一个村里就都能看到。

石板房的墙面有两种：一种是壁头墙，一种是砌墙。"壁头"是当地人对镶嵌石板的称

贵州石板房表面为石头石片

贵阳附近的石板房，石片瓦是正方形的，不像安顺地区的石板房，瓦片是异形的。另外贵阳地区的石板房，墙壁暴露木构架，木构架之间镶嵌薄薄的大石板，不像安顺地区的石板房，墙壁为石块砌筑

贵州石板房卧室内景

呼，也就是在木构架的柱枋之间镶嵌上3厘米左右厚的一块块长方形石板当作墙壁。镶嵌的方法十分简单，就是将尺寸恰好合适的石片放入柱枋间的空档，然后在石板内外两侧边缘处钉铁钉进入柱或枋，铁钉钉入一半，露出的一半可以固定石板。砌墙就是用乱石片平放，像垒砖头那样，砌成的40厘米左右厚的墙体。

石板房铺地用的是石板，楼板也是石片，水缸则用大块石板拼成四方体，牲口槽也用石块凿成，厕所从下面的粪坑到上面的蹲坑、墙壁和屋顶也都是石板的。石头的色彩在灰调子中呈现出白、蓝灰、浅土红等色相。好一个石头的世界。

左下 ｜ 小鸡在石板地上觅食，我们钻进小门，奇妙的空间布局不断展露，信手拈来而毫不生硬的即兴创造，带上自由和个性的色彩，把人们的兴致引向高潮。尽管传统民居的序列布局是粗糙的、稚拙的、不合规矩的，但却不能不惊叹：它是美的

右下 ｜ 关岭布依族苗族自治县白水镇滑石哨寨罗尚奎宅室内

贵州石板房外观

从山上俯视山下田野中小河边的石板房，那材质与色彩都与大自然是那么契合无间

左上 | 从房顶上看，石板房最有特点。那两三厘米厚的各种形状的石片，上层压着下层。
这一个个异形的石片要铺得像瓦片一样，又不至于叠得太厚，是多么不容易啊
左下 | 在石板房屋面的转角处，石片自然形成弧线，不像瓦屋面那样，留出排水沟。尤其
是石片房顶不用脊瓦，而采用一侧屋面伸出压住另一侧屋面的做法来防止漏雨，极富创造力

上 | 石片瓦的巧妙排列与组合
下 | 全由石片构成的民居外观

左上 ｜ 从内部可以看出，石头房的真正结构是木头的，墙体并不承重，是木构架支撑的楼板和房顶。简单地说，是木头房子，穿着石头衣裳。从图中可看出，在这个院子里，人们住在房屋的二楼，底层是圈养牲畜的地方

左下 ｜ 美妙的建筑与美妙的环境融为一体是民居的一个特点。由于就地取材，所以建筑的色彩和周围的环境十分协调。在山岩崭露、怪石嶙峋、犬牙交错的山区里，石块墙石板瓦的石头民居构成了一个石头的世界

下｜贵阳市花溪区石板镇民居

丽江民居

云南省西北部的丽江古城，是一座历史文化名城，这里居住的是纳西族人民。玉龙雪山在丽江古城的西北角，所以无论早晚，都是顺光，从古城看过去，总是蓝天衬托白雪，十分美丽。丽江古城的海拔高度是2800米，高原城镇，我去过不少，可一进丽江古城，那一条又一条的小河把我吸引住了。弯弯曲曲的小河，流过民居的门前，又流入民居的院落，有的民居建在河上，有的民居跨过河面。由于城里河流多，桥梁自然也多。面积不大的丽江古城内，光桥梁就有76座，这些桥梁大都是石拱桥。这并没有包括临水人家的私用桥，我注意到，私用桥的规模一般较小，多数是用石板或并排圆木建成的小桥。看到这种水乡景色，谁都会感叹，这真是高原姑苏。

丽江之所以感觉像苏州，是因为它们有不少相同点：河流两侧是临水的人家，中间是不宽的水面。顺着河道看过去，水面上同样有一座座的小桥。但丽江毕竟是高原，它和苏州的最大不同之处在于河水的流速。苏州河道为静止的水面，一切都显得那么幽静、沉寂；而丽江的河道是湍流的溪水，假如一片树叶落入水中，一会儿工夫，树叶就被冲走不见了。典型的丽江景色是：清澈的流水，悬山的房屋，低垂的杨柳，晶莹的雪山。

丽江城里是从明代才开始有瓦房出现的。当时丽江的官商由于控制云南西北部和四川一带的商路，所以都迅速致富。他们不惜重金从中原地区请来工匠。纳西族具有不闭关自守、善于吸收其他民族先进文化的特点，他们当时造新房子时，请汉族工匠尽情发挥。汉族工匠也把中原地区的住宅形式，以及住宅的等级制度带到了丽江。这就使得丽江民居和中原地区一样，有官职的人家有门楼，而且门楼上还有层层斗拱。土司家的梁头上画麒麟，普通居民的梁头上只能画狮子头。土司住宅的挂方可以

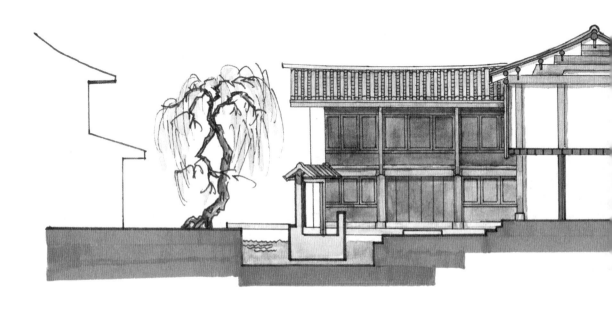

画凤头，而普通人家的挂方只能画白菜头。

除了土司以外，普通人家的住宅都是三开间，如果是四开间，左面一开间应跌落；如果是五开间时，左右两开间都要跌落。这种处理形式，在中原地区称为"明三暗五"，意思是尽管五开间，但由于屋面高度不一致，可以解释为三开间，其余两端是耳房，以便逃避宅制的限制。虽然纳西族人采用了这种方法，但说法却不一样，当地的俗话是："屋面建在一样高时，房屋容易起火。"

不过，丽江民居还是有许多地方突破了中原地区民居影响的束缚，房顶用瓦就是其中一项。中国的瓦分筒瓦和板瓦两种形式，一般来说，筒瓦只有在等级高的官式建筑上方能使用，如果筒瓦的外面再挂釉，就成了琉璃瓦，琉璃瓦的等级高，只有宫殿庙宇才能使用。丽江民居和大理民居一样，居然使用了官式建筑才能采用的筒瓦，可能是天高皇帝远的缘

故吧!

简单地说，丽江民居以两层楼为主，一个三开间的两层楼是一个单体的构成单元，叫作一个"坊"。每一坊的前面都有宽敞的厦子(外廊)，各坊都朝向中心的庭院。坊与坊90°拐角的连接处，厦子相连，而后面的"漏角"处，设置厨房、储藏间等辅助用房。庭院的入口设在厢房的山墙处，并设置大门，以保持庭院的整洁与宁静。由于正房是庭院中的主导建筑，所以高度一般高于厢房。

和汉族风俗一样，丽江民居的大门不能正对道路，尤其是一条大路。在汉族，人们认为大路正对大门，气太足，一般人无福享受，只能是庙宇、官府等才能正对大路，丽江纳西人认为，大门正对道路不吉利。如果院落所限，门确实移不开时，需要在门上书写对联用以防"冲"，常用的上联是"泰山石敢挡"，下联是"箭来石敢挡"，横联是"弓开弦自断"。

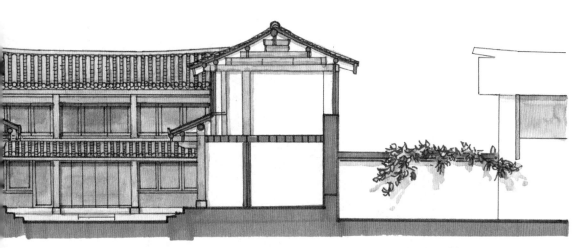

丽江纳西族民居剖面

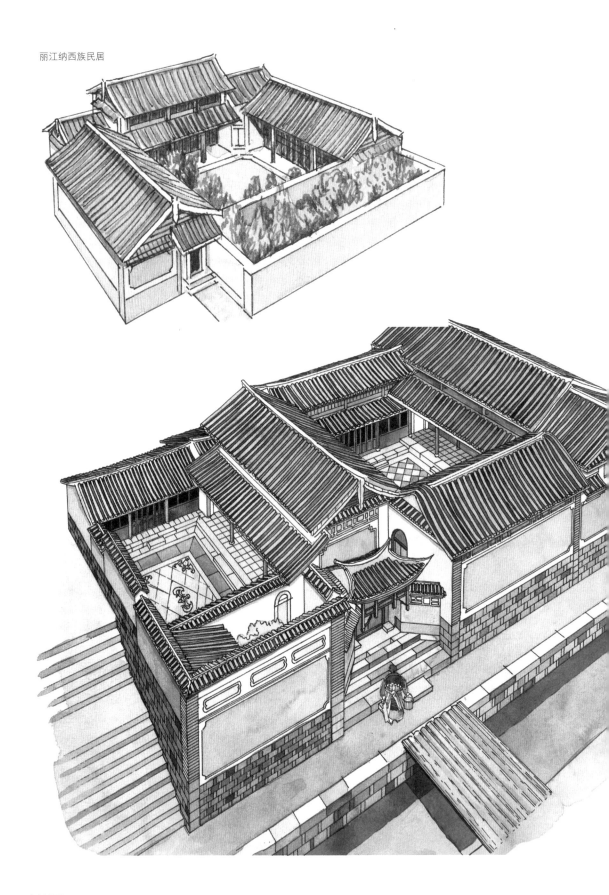

丽江纳西族民居

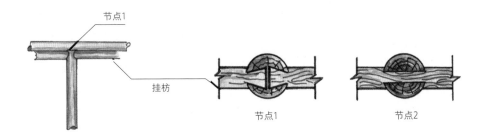

节点1

挂枋

节点1　　　　节点2

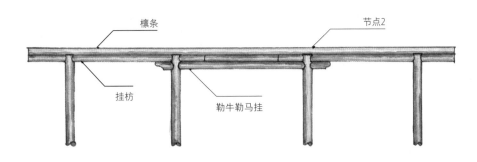

檩条

节点2

挂枋

勒牛勒马挂

节点2

统长串三间挂

丽江纳西族民居防震木构架

纳西族民居

　　丽江民居大门在院落中的设置也和汉族大同小异，这就是一般人家的大门不能设在院子一侧的正中，而只能设置在院子的某一个角落。当然也有大门设在正中的人家，那是土司以及有一定地位的上层人士，当然学识在进士以上的人家门也可设在正中。

　　丽江民居的庭院多为三合院或四合院，正房的朝向一般多向东或向南。当地人认为这样有"紫气东来"或"彩云南现"的寓意。这两种朝向，房屋大都"反宇向阳"，其风水自然也好。

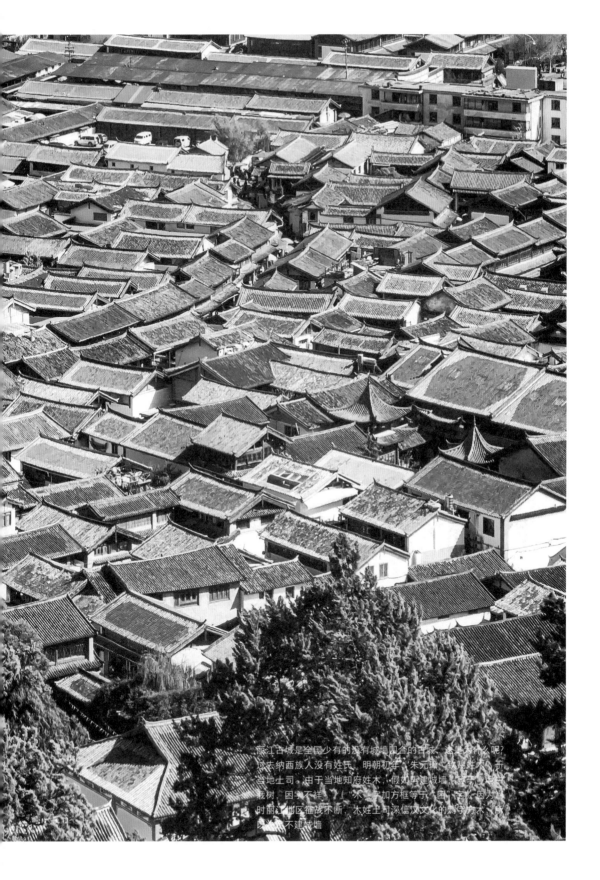

丽江古城是全国少有的没有城墙围合的古城，这是为什么呢？
过去纳西族人没有姓氏，明朝初年，朱元璋，钦赐姓木，并
当地土司，由于当地知府姓木，假如要建城墙，等于"木"字加
栽树，因字不祥，（"木"字加方框等于"困"字，因为当
时丽江地区征战不断，木姓土司深信汉文化的测字方术，成
以丽江不建城墙

丽江古城中心的四方街广场

悬山屋顶、腰檐、加披檐，形成层层屋面，使得民居外形楚楚动人

丽江民居的木构架形式

丽江民居的庭院铺地花纹十分精细

丽江民居的庭院

丽江的传统街巷空间，街道正中三眼井三个井依上、下游分为饮用、洗菜和洗衣

牌楼式的丽江民居大门

丽江民居的特点，就是汉族的悬山腰檐造型，白族的三坊一照壁布局，以及藏族的蛮楼空间形式。

悬山是中国屋顶的一种形式，悬山屋顶是将屋山两端的屋面出挑。从下面看出挑的屋面，暴露木结构。由于屋面四周都大于房体，所以造型上饶有趣味。悬山屋顶檩子一根根地暴露，其顶端处势必容易腐朽，所以在出挑屋面的两头，都钉上封头的博风板，博风板最上面的尖角处，选用一块垂直的小木板将博风板

的拼缝遮盖住，这块小木板叫作"悬鱼"，是一种古老的建筑装饰。由于鱼和"余"谐音，所以系鱼有"吉庆有余"的象征，很受人们的欢迎。

腰檐是在建筑中部另外再设置的一层屋顶。这种形式，在官式建筑如宫殿、庙宇中称为重檐。丽江民居一般是两层楼房，在房屋的正立面设一层腰檐，挡住二楼窗户下面的墙板。这种楼房，楼下和楼上的内部空间高低大致相同，但从外面看，由于腰檐挡住二楼的下半部，人们产生楼下高、楼上矮的错觉，建筑十分稳定。

白族的三坊一照壁是中国民居中很有特点的一种形式。"坊"就是一幢三开间的两层楼房，由三个三开间的两层楼房围合成一个三合院，在另外一侧设一面大影壁，就是三坊一照

壁。丽江民居吸收了三坊一照壁的院落形式，只是房屋尺度和院落规模比白族小一些。

蛮楼是纳西商人从藏人那里学到的一种楼房形式，蛮楼就是一种两层都设廊子的楼房。

丽江民居的廊、厦以及天井地面都用瓦片、卵石、碎砖石镶嵌成各种精美的图案，最常见的铺地图案是五个蝙蝠围着一个寿字，意为五福捧寿，或者是花瓶上插月季花，意为四季平安。暗八仙也是丽江最常见的铺地图案之一。所谓暗八仙，就是八仙人物形象不出现，用他们每个人的器物来代表他们本人，扇子代表汉钟离，渔鼓代表张果老，洞箫代表韩湘子，葫芦代表铁拐李，玉板代表曹国舅，宝剑代表吕洞宾，花篮代表蓝采和，荷花代表何仙姑。这种暗八仙的图案被民间广泛采用，其原因是没有了人物形象，图案简洁，可以广泛应用于民居任何部位的装饰。

干栏式民居

位于我国西南的云南、贵州等省以其风景绮丽而吸引四方来客，这里的民居也风格各异。境内的少数民族包括侗族、苗族、傣族、景颇族、佤族、哈尼族和水族等有使用"干栏式"住宅的。这种建筑形式历史悠久，古代是以树干为栏的木阁楼。《梁书·林邑国传》记载："其国俗，居处为阁，名曰干兰，门户皆北向。" 干兰也作"干栏"。《旧唐书·陀洹国传》有："俗皆楼居，谓之干栏。"干栏主要分布在我国南方，《魏书·僚传》说："僚者，盖南蛮之别种，自汉中达于邛筰川洞之

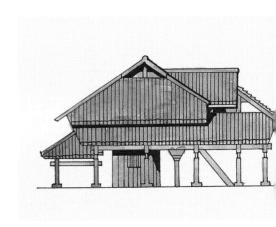

间，所在皆有，种类甚多，散居山谷……依树积木，以居其上，名曰干栏。"

不过，现在许多学者所说的干栏式民居中，有很大一部分并不是真正的干栏。古代的干栏式建筑是下层用许多木料搭成一个平台，然后在上面建筑房屋，不过这种古代干栏式民居现在已很少见到。我在广西融水看到那里的

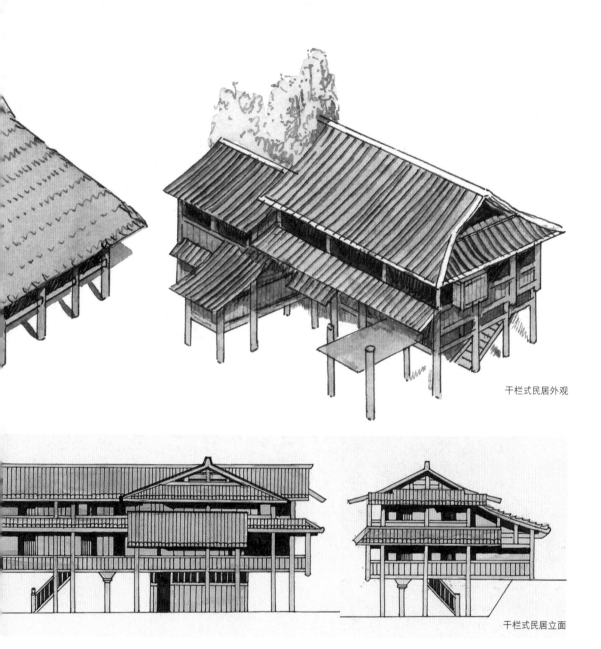

干栏式民居外观

干栏式民居立面

苗族仍使用这种古代干栏式民居。现在常见的干栏式建筑实际上的穿斗式结构，只是把底层架空而已。

干栏式民居的特点是用竹或木为柱梁搭成小楼，上层住人，下面做牲畜圈或储存杂物之用。《旧唐书》解释："人并楼居，登梯而上，号为干栏。"干栏式民居又分高楼式和低楼式，即按照下层透空柱梁空间的高度而划分。高楼式干栏，上层起居，下层做仓库和牲畜圈。

干栏式民居尽管室内较暗，但出檐深远，遮住阳光的辐射，外廊也对此做了补救，对于多雨潮湿的地面有隔离作用，通风较好，适应当地气候；另外，在人烟稀少的地区，还可以

防止野兽伤害。我曾经在贵州省镇宁布依族苗族自治县某宅住过。由于是老屋，从地板的缝隙可以清晰地看到楼下的牛圈。虽然有蚊虫轮番进行"空袭"，但旅途的疲劳使我在牛粪的气味中酣然入睡。黎明时分，一个沉闷的响声使我从梦中惊醒，睡眼惺忪中这声音又使地板轻颤一次。呵！原来是楼下的牛已经在吃草了。

云南景颇族外廊式民居，就是一种低楼式干栏民居。据云南祥云大波那村木椁铜棺墓出土随葬青铜器证明，大约在公元前400年的战国时期，就已有这种长脊短檐倒梯形屋面的干栏式建筑。这是因为当时滇人有"剽牛"的宗教习俗，常在山尖屋脊下系挂牛头等猎物。现

干栏民居鸟瞰

在的景颇民居山墙上端虽不再系挂头骨，但那陡峭的茅草屋顶，深远的出檐，粗犷简朴，别有一番野趣。此外，楼下也已不关牲畜，而做仓库使用。而且一般都设单独厨房，这样也改善了居室内卫生条件。海南黎族船形民居也是一种矮干栏式建筑，有的草顶垂下紧贴两侧，竹笆形成筒状，有的在屋山一头用草顶做成半球形谷仓。因外形很像一艘船，故名船形民居。

使用干栏式民居的民族，基本都保持了火塘文化，火塘里的火终年不灭。他们在建筑火塘时都有不少巧方妙法，总体都是依靠砖石铺底阻燃。

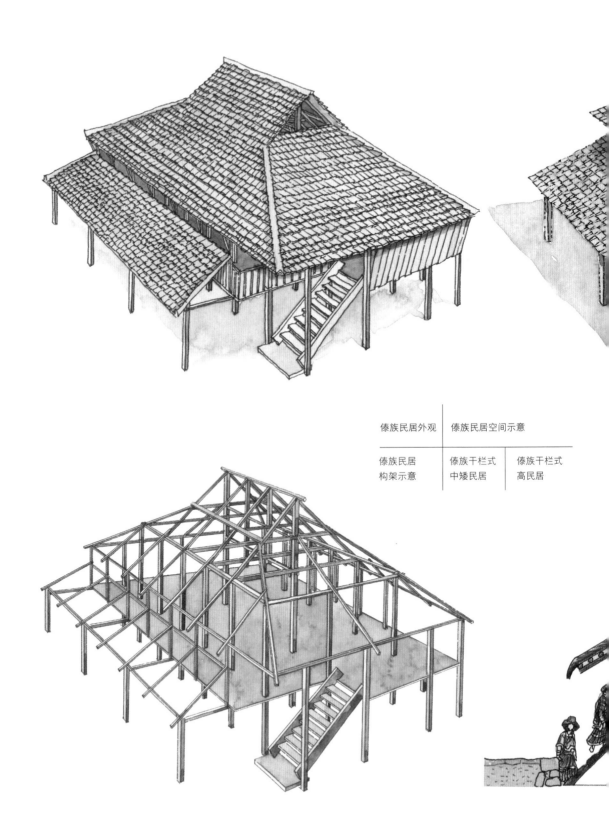

傣族民居外观	傣族民居空间示意	
傣族民居 构架示意	傣族干栏式 中矮民居	傣族干栏式 高民居

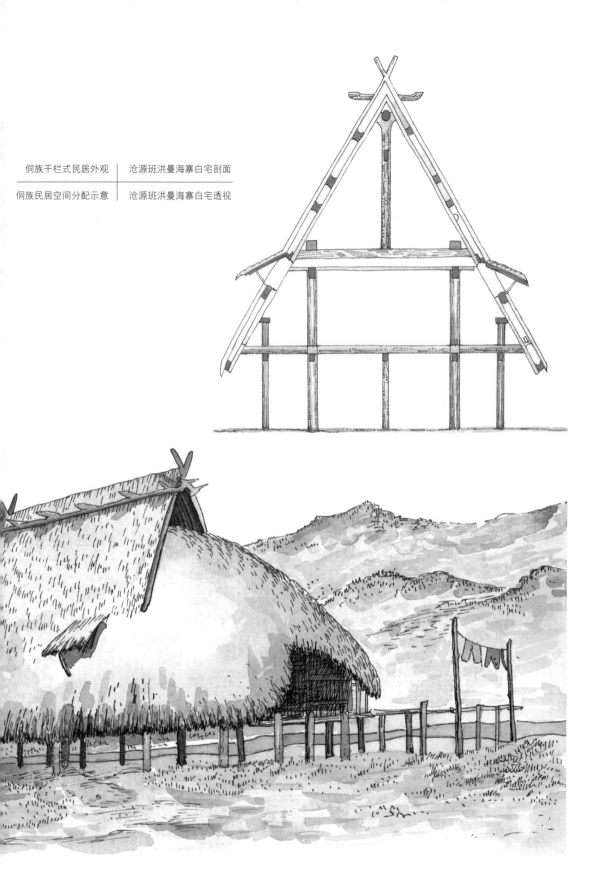

侗族干栏式民居外观 ｜ 沧源班洪曼海寨白宅剖面

侗族民居空间分配示意 ｜ 沧源班洪曼海寨白宅透视

傣族民居鸟瞰

上｜广西三江马安寨鼓楼、民居及侗族村民。侗族村寨普遍都有鼓楼、寨门、戏台及风雨桥等公共建筑

左上｜云南西双版纳勐腊县勐远傣寨
左下｜一提到傣族，人们很自然就会联想到西双版纳的亚热带原始森林，以及那凤尾竹下的小竹楼。过去除土司外，绝大多数平民都是住竹楼。近二三十年情况有了改变。人们都伐木用木料建房子，而且傣家的房子建得特别大，人们只住二楼。楼下部分为圈养牲畜、储物使用，其余楼下空间则空出不用

    这样大型的木楼是怎样兴建的呢？乡民们说起来似乎不困难。先到山上相中成材的树木，做上记号，然后请人帮忙，砍倒运回，刮去树皮，打卯眼做隼头，拼成一个个的穿斗式榀架(山头)，然后把榀架一个一个地竖起来，用横木相联，形成房屋的框架结构，这个过程，当地人称为"架排"。整个过程都在现场一天内一气呵成。不用一钉一铁和任何金属连接物。全寨子的男人都自愿来帮忙，建房场面很有气势。尤其是架最后几根横梁时，木头被涂成红色，有些地区还要杀一只公鸡，把鸡血滴在木头上，一方面祭神，另一方面辟邪。

    有趣的是木楼的框架结构是直接摆放在地面上的，并不埋在地里。如果哪一根木料不着地，就用几块石头随意一垫就行了。

贵州雷山的千户苗寨是一个大型的侗族村寨，
村子的正中是一座高大的鼓楼

上 ｜ 云南景洪市基诺山的基诺族民居。这是一种高楼式干栏
式民居，这幢民居的一面屋顶一直延伸到地面，使造型更加
优美，同时也使底层的牲畜圈能够遮挡风雨

下 ｜ 广西龙胜各族自治县金竹寨位于高山之上，这里居住着
壮族农民

上｜云南景颇族民居是一种低楼式干栏式民居。所谓低楼，就是说楼下走不进去人。景颇族民居的屋顶是长脊短檐的倒梯形的造型，这是一种古老的民居形式。因为过去人们要在民居的山墙上方，也就是长长伸出的屋脊下方悬挂牛头等猎物，以表示房主人的勇敢与勤劳

下｜干栏式民居的室内都保存有火塘，火塘的上方是人们悬挂肉、菜的地方，由于烟火常年熏烤，肉、菜在上面可以保存一定时间

左上｜广西三江侗族自治县独峒镇盘贵寨全景
左下｜广西金秀瑶族自治县的民居，其阳台的栅栏是用木车床加工而成圆形的木柱，并富有凹凸变化

下｜许多民族的民居都是干栏式民居。有的民族的建筑形式简单，有的民族的木结构成熟。与汉族的穿斗式民居相比，木构技术成熟的干栏式民居，只是少了建筑外围的一圈砖墙而已。因为汉族建筑虽然有围墙，围墙并不承重，还是依靠木构架承重。图为贵州水族民居

四川民居

四川盆地开发较早，文化发达，人口稠密，是四川汉族的主要聚居区，这里的民居，主要是四合院的形式。四川盆地四周高山环绕，盆地大致北至广元，西到雅安，南抵叙永，东达奉节，略呈菱形，从重庆坐飞机去成都即可看到盆地多为连绵起伏的丘陵，在丘陵和浅山之间，梯田水田相伴穿插。盆地西部还有肥沃的成都平原，常年葱绿。盆地内气候温暖湿润，雨量充沛，阴天日数多。温暖多雨的气候使得民居必须适应防雨和通风这两大功能。

四川盆地里城镇的民居大致可以分为院落式民居与铺面民居两种。院落式民居在四川被称为"公馆"，这与浙江绍兴的"台门"意思大致一样。公馆的形式大致相同，建筑多为砖木结构。大户人家是将大门以外的空地都买下的，因而往往在大门对面建一面过街照壁。常见的大门不像皖南、苏州那样用砖筑一面高墙，然后装饰成牌楼的形式，四川由于雨水多，公馆的大门也是暴露门的屋顶。但有些人家大门左右两侧建八字墙，但八字墙的形式不像北京大户人家那样是横长方形，而多为高大

于宽的竖长方形。墙面抹上白灰，涂成灰白色，以墨线作为砖形装饰。这与皖南、苏州、北京等地做水磨砖墙相比，是省不少钱的。大门左右有门枋，木料较宽，用以贴桃符或对联，过去门上常绘有门神，有的甚至用沥粉贴金。

四川民居的大门造型很有特点，门上为一个人字形两坡水屋顶，双挑出檐，所以门上的屋面向外挑出许多，这样，屋面就相对低一些，给人以亲切感，甚至有些像北京四合院的中门——垂花门，古朴而淡泊。我至今也不知道为什么四川人将大门叫作龙门，只有川南一带，人们才将大门叫作朝门。川西一带农村的住宅尽管不是四合院，只有几间房屋，或者最多只是个三合院(当地称为一正两横)，但人们也喜爱修上围墙。现在，人们为了辟邪还在院门上绘上彩龙，但我考虑，当年有皇帝的时候可能是不敢绘龙的。人称院门为龙门子，估计与绘龙毫无关系。由于旧时民居的大门有一个过厅，人们常常坐在过厅中谈天，正因为如此，四川人将聊天俗称为"摆龙门阵"。尽管四川人旧时生活不如江浙，但似乎天生一种乐观的性格，幽默、诙谐，四川方言妙趣横生，纯朴之中流露一种俏皮气息，常引起人们阵阵

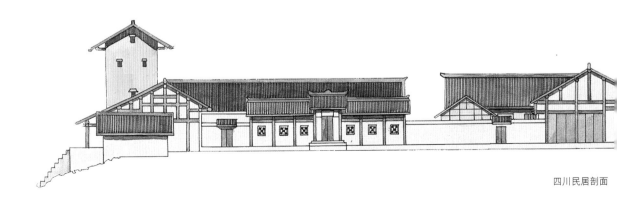

四川民居剖面

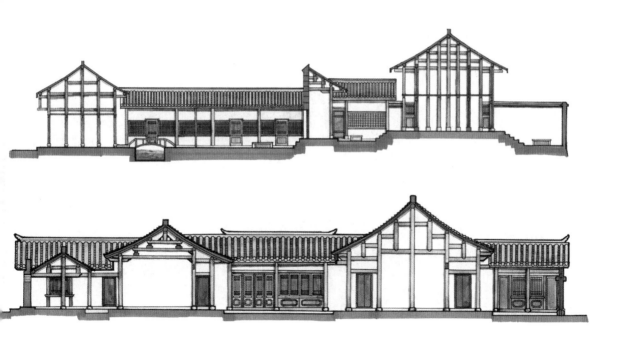

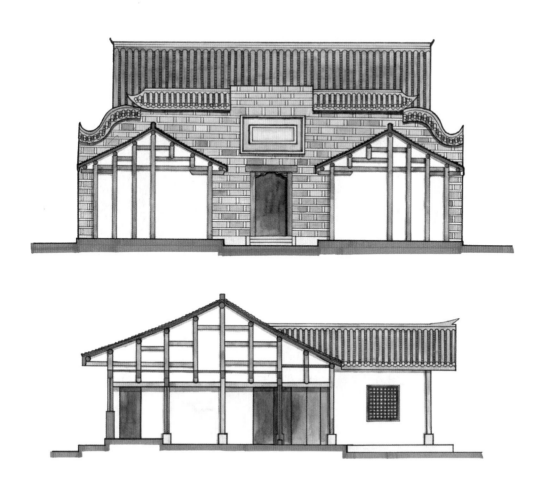

发笑。成都的人家常在龙门内坐一位老人叫"看门头"，充分表示出大家的排场。

过去富豪人家常设置两重大门，临街的叫作头道龙门，在宅内的叫作二道龙门。头道龙门多为双挑出檐，甚至三挑出檐的形式，门宽常为一间，如果是三开间的屋面，两侧的各一间立面为砖照壁。由于旧时街道两侧都是肃穆的灰色砖墙，这一个个带有彩色门神、木雕装饰的大门就尤其觉得绮丽可爱。据说过去有的大户人家门有二层楼那么高，门左右用砖砌成八字墙，并在门前设石狮子一对，气势很雄伟，有点像王府的大门。

另外清中叶以后成都等地也有少数富有人家建牌坊式的大门。这种大门就是用砖砌一面高墙，在墙上用砖或石凹凸做成一个牌坊的样式，小的为二柱三檐，大的为四柱三檐或四柱五檐。柱是平的装饰，只是略高出墙面一点，檐是墙上凸出的一种带有小青瓦的屋面装饰。砖坊的里面是一个单坡屋面，向里倾斜，屋面最里面的柱子(后檐柱)之间装有屏风门。这种门在清以前是用于庙观会馆的。清初时，连祠堂也不能用这种牌坊门。不过有钱人家也可以买通官府，或者房主人本身就是地方长官，所以用这种牌坊门来显摆他们的高贵。

在川南乡间，人们常在下厅房的中部留出一间通道为大门，这种形式在福建等地十分常见，门的屋面与两侧房间的屋面高度一致，门与两侧房屋构成一个整体。由于大门只有两扇，不可能有一间屋那么宽，所以从门枋至檐柱作为40°的斜距，在门枋至檐柱之间装上板

四川民居外观（二）

壁(也有砌砖墙的)作为装饰，这种样式朴素的大门，当地人称八字朝门。

　　大门内有的还设有中门(二道龙门)，中门的形式为小门楼，只设一层门，不像北京四合院或山西民居的垂花门，往往设置两层门，内

四川民居外观（三）

侧为屏风门，四川的公馆民居往往不设内层的屏风门。过去有派头的人家往往在中门两侧墙的端头上设置小门，平时从此门出入，中门常闭，非贵客或红白喜事不启。富豪人家的中门为三间，中为双扇大门，左右两间的立面是砖雕的花墙，这种气势，有点狂妄感。这种二门两侧房间是仆从住处或搁置车轿的地方。

　　但在四川民居中，中门并不是作为一种制式存在的，不像北京、山西四合院那样，几乎都要设中门。四川民居的中门设置是随意的，更常见的是像江浙民居那样，以层层院落的形式出现。这样，中门就可以用过厅代替。中门过后是主要天井，迎面为大厅。

　　四川民居的屋面在拐角处有的是相连的，这种形式与江浙以及北方民居都不相同，而与湖南、湖北、江西、皖南、福建大部分地区的民居相似，这种形式更适宜于多雨的地区。四川民居的天井形状是横长方形，也就是宽而浅，假如院落是朝南的话，则东西向长，南北进深浅。当然也有正方形的天井，但不是典型。四川民居的这种院落形式与山西民居东西狭、南北长的形式形成强烈对比。不过四川也

有少数窄而深的天井，这种天井一般都是陕西及山西人后裔的住宅，他们保持了自己祖上的传统，但却与当地人格格不入。就像在福建泉州，绝大多数民居都是红砖红瓦，偶尔有一两家人家用青砖青瓦，当地人便以其住户的姓来命名，如"青砖徐""青砖刘"一样。

福建、浙江等地的民居常在院落四周设置廊子，像浙江民居，尽管四合院的四角屋面并不相连，但是雨天可以从天井四周房屋的前廊走一圈而基本不淋雨，因为正房与厢房靠得近，一步即可跨过，不会遭受雨淋之苦。四川民居天井四周的房屋则较少设置前廊，但是由于朝向天井一侧的房屋屋檐出挑很宽，而且四川民居屋面较低，所以出挑的屋面即形成了不带柱子的前廊，而且在平面上铺地与屋面相一致，出挑屋面下的铺地高出天井，自然形成不积雨水的形式，这样，雨天人们照样可以不淋雨而环绕房屋一周。

在成都城里，有的四合院四角屋面也不相连，这种院落，左右耳房向外移一步架，正房两端的屋山处可以开窗纳光通风。在农村许多人家的房子是分期建的，因此每所房屋都孤立着，四角并不相连，房屋的山墙上也可开窗，但山墙的房子一般都既高又小，无论怎样，开

窗后光线、空气都更好些。这样从平面上看，四座房屋围合后就呈"亞"字形。

四川是一个农业省，绝大多数人都是农民。四川农民的生活是艰苦的，在最贫困的地区，农民连像样的衣服都没有。一般来说，农民每天只是用辣椒咸菜佐餐，很少有肉类及新鲜蔬菜。四川农民比较分散，喜独居，最多也只是两三家聚居，住宅多散在田野里，或是山腰山脚下。四川由于地形所限，农村住宅不太讲究朝向，坐势大致向阳就算不错了。但在宅基地的选址上，砍柴和挑水能相对方便才是最为重要的考量。贫苦农民的住宅多为草顶土墙或编竹夹泥墙，还有用竹棕等作为构架、上面盖点草勉强遮蔽风雨的简易民居。生活好点的使用木梁柱，正房为三间一列。中间的堂屋是祀奉祖宗和会亲朋以及起居的地方，左右两间是卧室或灶间。开间很小，也就3米宽、5米深或者更小点，能住2~4人。房屋的外面，牛棚接在左山墙，粪坑猪圈接在右山墙。这种一列三间的房子一般屋基较高，屋前有晒坝，较好的用瓦顶。再好点房子依地势在正房的左侧或右侧接出耳房两三间，这样平面就成了曲尺形(L形)，耳房做卧室、灶间或储藏用，当地人称此为一横一顺。有时因地势所限，耳房还

四川民居立面（一）

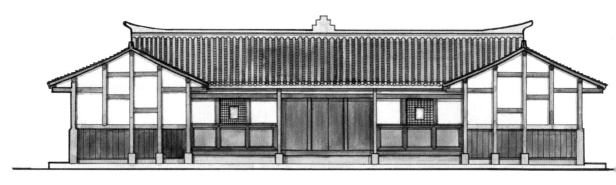

一间比一间低，屋面形成层层叠落的形式，很令人佩服。

　　再好一些的人家就是三合院了。这样，房屋中间有一个较为整齐的前庭，房主人打晒谷物以及临时堆积农作物都在这里，是家庭重要的工作场所。这种前庭一般都用石灰、石粉和黏土混合成的三合土碾压墁平。这种三合院的住宅其材料也有好多种，一般正房用瓦顶，耳房用草顶。再有钱的人家就是四合院了，当地人俗称四合头。这就是适才谈到过的，房屋的四个拐角处是相连的那种四合院，所以造型上很方正，转角处没有缺口。这种四合院，下厅房(北方称为倒座)用于堆置器物及作为牛栏、猪圈，反正所有的功能都安排在四周的房屋。

　　为什么四川民居喜欢用横长方形的院落平面布局，从农村住宅的调查中可以看到，四川多丘陵山地，一般一列三间的房子前面地方不大，如果扩建时，左右尚能扩展，而前面扩展的余地不大，这样形成的院落势必为横长方形，久而久之人们就习惯了这种宅制。是否如此，这只是推测。农村的房子，因为建在乡间的缘故，房间多舒散宽敞，不像城里那样密集，院落周围，喜栽树竹，的确有一番意境。

　　西南地区的山崖吊脚楼很多，尤其是重庆，由于建房用地很有限，人们又不愿远离闹市，所以在这种苛刻的自然条件限制下，一座座吊脚楼拔地而起，随处可见。

　　这里的人们没有正统的建筑概念，不讲什

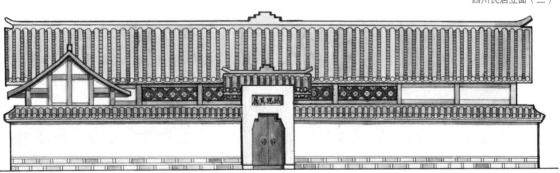

么"堂屋""厢房"等，随坡就坎，随曲就折。由于功能上要满足生活的要求，所以房屋空间布置自由，利用率很高，内部关系十分紧凑。室内往往有几个等高线，这间比那间高出三尺，走进房间可能会看到从这里上去又是阁楼，上上下下，极富变化。从外面看是裸露的竹竿或木棒撑的小木箱，而居民却能在里面怡然自乐。

在这里，你的空间观念会改变。一张小床，高度只能坐起，而不能在床上站立。空间不大，但个人的私密感和庇护感却很强。室内光线虽不好，但临窗设一小桌，读书十分幽静，累了向外俯视：近处是一片房顶，上面挂着五颜六色的衣服；远处是烟雾蒙蒙的江面，传来低沉的汽笛声。这样的美景在其他城市的高层建筑上是感觉不到的。

这种不受任何规矩的约束的建造思想，形成千变万化的建筑风格。这里的人们没有愚公移山的气魄，却依附于自然，体现出人与建筑、建筑与自然的亲和和随意。

也许大家还记得陈子昂的《登幽州台歌》"前不见古人，后不见来者，念天地之悠悠，独怆然而涕下"的诗句。在四川一些临江的楼阁中，可以领略"落霞与孤鹜齐飞，秋水共长天一色"的天地悠悠的无限空间的意象。正如南梁王巾的《头陀寺碑文》："飞阁逶迤，下临无地。"我们在这样高的楼阁从上往下看，地面就像没有了一样。在四川山区我们不难发现地处仙境般环境里的民居。

四川的小镇很多，而且小镇多沿街布置，平面形成长条形。无论是小镇还是城市，沿街的民居多为铺面。铺面有单开间的，也有双开间、三开间的，楼下的正立面为木板门面，无窗，拆下门板后即为店堂。因为沿街的部分地价高，所以店堂的进深长。茶馆是四川较有特色的一种店铺。成都的茶馆是矮椅子、矮桌子，人们一边喝茶，一边休息，摆龙门阵，坦然舒服。而重庆的茶馆就是高板凳、高方桌，人们只为喝茶，而不讲究其他。铺面建筑常为前铺后家，一楼一底，楼上多用来堆放杂物，和作为卧室，沿街一侧，开一小窗通风照明。楼下的后面为作坊、厨房等辅助用房。铺面建筑的屋檐出挑较宽，这样既能遮阳，又可避雨。

四川小镇的产生与场有很大关系。"场"就是集市，赶场是四川农村传统的贸易形式。早在隋唐之际，农村便出现了设在空旷处的草市，有的地方还定期举行专业集市，最著名的是蚕市和药市。到宋代时，草市开始向定点的市镇发展，清末民初是场镇建设最为活跃的时期，现在的场镇很多就是在那时兴起的。

场镇的地处位置一般都是非常好的，两河交汇、山口平坝、交通要道、水路码头是场镇的最常见位置。场镇虽小，但客栈、茶馆、饭店、杂货、干货、五金、木器、绸布等却一应俱全。四川的场大都以街代市，这样也形成了四川场镇的一大特色，沿街商店林立，摊点密布。四川场镇中最有代表的要数罗城了。

罗城是四川犍为县的一个古镇，从乐山乘车只要一个多小时便可到达。据说罗城古镇建于明末崇祯年间，一开始不过只有几家店铺，以后逐渐形成场镇。罗城的名字是有寓意的，"罗"字的繁体字"羅"由"四维"二字构成，生意靠来自东南西北的商人维持，而场镇

四川省阆中古城全景

也靠四方百姓维护，生意人的"四"与百姓的"维"相结合，便为"罗"字。

罗城古镇布局巧妙，造型独特。一进场，就能看到街两边的房屋在开头处相互靠近，随后渐渐向两边分开，中间形成一个广场，广场的一端设一个古戏台。然后街两边的房屋又渐渐靠近，造成两端尖、中间宽的广场平面，像青果形状，又像织布的木梭子形状。街道长约200米，最宽处有20米，假如从高空看过去，整个古镇就像是一只大船，船底就是街道，两侧的房屋就是船舷，中间的戏台好像是船篷，而古镇一端的过街楼——"灵官庙"，便是船的舵叶。这可真像是"山顶一只船"。

罗城的街面由青石板铺地，街两边的店铺，前面都留出五六米的廊棚，廊棚相连，形成一个长长的灰色空间。在廊棚中可以喝茶、看书、观戏、下棋、做生意。即便是

左下 ｜ 四川民居多为穿斗式屋架。这里的人们在建造民居时善于利用地形，因势修造，不拘成法。常常在同一住宅中，地坪有数个等高线。住宅基地的退台有横向有纵向，造成屋顶高低的配合。加上屋檐一般不高，使人感到舒适而明快。左下图为万州区民居，右下图为南充民居

下 ｜ 大面积的实墙在民居中屡见不鲜，除了其物质功能外，实墙还有一种内在精神的东西即蕴藏在形式之中的含义，这便是静谧。实墙使宅内自成一个与外界隔绝的空间，阻隔了外面肩摩毂击、熙来攘往，吆喝叫卖的嘈杂声

每逢双日的赶场天，四方乡民也基本都能容在廊棚之中，晴日不晒，雨天不淋，是理想的风雨市场。广场中部的戏台很高，戏台的下面是空敞的，人可以从下面通过，戏台的另一面还设有一座牌坊。每逢有演出，街两侧的廊棚就像是看戏的"包厢"。镇上居民从家里搬来了竹椅板凳，而赶场的乡下人则把背篼、箩筐倒扣在地上，作为坐凳。每逢年节，街面的广场还举行耍狮子、舞龙灯、踩高跷、走旱船等活动，花花绿绿，热闹非凡。

罗城的布局形式与现代商场中的"两头吸收、中间消化"的理论相一致，这引起不少人的兴趣。为什么罗城是这样的，有人说，罗城的周围无溪无河，生活、耕作全靠雨水，在山顶上建成一艘船，可以引来载舟之水。还有人说得没有这么玄，他们说，最初罗城的地形就是中间宽、两头窄的形状，修房造屋依照地形，就成这个样子。不过在我的调查中，罗城不是唯一的这种形式的场镇，类似的场镇在川东也有。罗城在1984年已由政府出钱维修过，其中戏台、牌坊等都是由建筑师设计的，已不是地地道道的民间建筑了。

四川省雅安市上里古镇民居

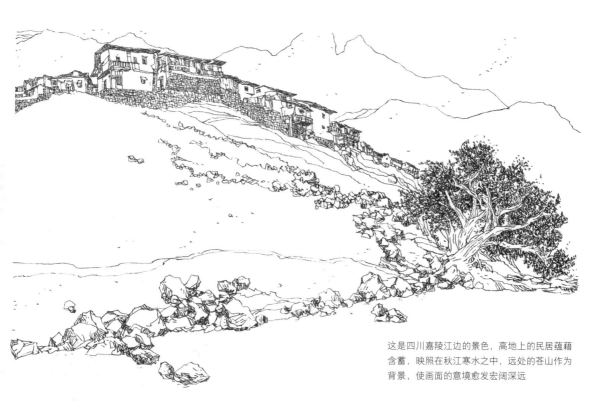

这是四川嘉陵江边的景色,高地上的民居蕴藉含蓄,映照在秋江寒水之中,远处的苍山作为背景,使画面的意境愈发宏阔深远

四川省阆中市某宅后院的漏明墙

左上 | 西南地区的山崖吊脚楼很多，尤其是重庆，由于建房用地很有限，人们又不愿远离闹市，所以在这种苛刻的自然条件的限制下，一座座吊脚楼拔地而起，随处可见

左下 | 传统民居很富有人情味，横七竖八的竹竿跨越街道，晒着棉被、毛衣、裤裙，住户普遍都把他们的厨房延伸到街边，街道中的居民活动空间里，老人打麻将，小孩做游戏，老妪们一边唠家常，一边纳着鞋底，洋溢着浓厚的生活气息

这是两种不同类型的吊脚楼的对比。上图是凌空架起的重庆吊脚楼，民居的另一边朝向街道。这是山区争取建筑空间的办法。下图是浙江杭州的沿河吊脚楼，有的住户还设有私用码头。这是水网地区为扩大建筑面积而采用的建筑形式

磁器口在明清时期是重庆繁盛的江边镇市。镇上店铺大多为前店后坊，楼上住人。除日常买卖之外，集市庙会更是繁盛。现在我们看到的是深幽的巷道，破旧的房屋，形成与热闹的市区迥然相异的宁静的居住环境。民居如酒，越陈越醇，可能正是因为易于引起人们的怀古之心，到这里来参观的人也特别多

上｜四川盆地的气候特点是夏季特别炎热，冬季少雪，风力
不大，雨水较多。于是单层房屋瓦顶、四合头、大出檐成为
民居的主要形式。阁楼亦是储藏东西、防止室内过热的好设
计。图为四川中江地区的民居，由于使用了编竹夹泥墙，所
以山墙部位的穿斗式木构架完全暴露出来

左上｜四川省雅安市上里古镇中心的街道
左下｜谁能不被这美景陶醉，这是重庆临江门民居。美的基
础在中华民族的理性含义中是和谐。临江门正体现出这一
点，这种感受不是在于某幢建筑的奇特，而在于同一类型的
一定量的群体所产生的美感效应

重庆临江门民居群的吊脚楼高耸其上，蔚为壮观，尤其是
穿行于其间的小巷时，就像是步入了一座迷宫，有时已经
感觉到前面无路可行，但只要侧着身子穿过一条窄缝，便
又有一番天地展现在眼前，真有"山重水复疑无路，柳暗
花明又一村"的感受

罗城古镇"船形广场"的总体布局俯视图

四川省夹金山民居

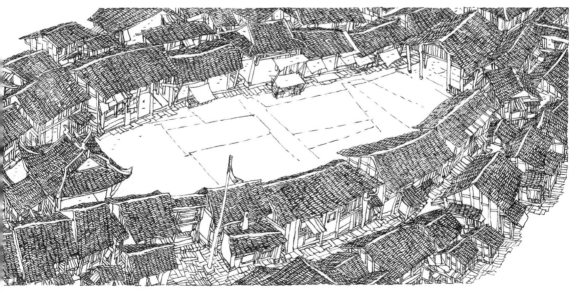

四川省乐山市犍为县的罗城古镇，是一个布局
巧妙、建造独特的广场空间。图为船形广场正
中的戏台

位于罗城古镇广场"船尾"部分的灵官庙
（左）。广场街道两旁长长伸展的棚廊，是无论
阴晴雨雪都可以进行贸易交换的市场（右）

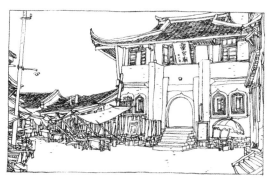

罗城古镇船形广场内景

四川省宝兴县硗碛乡民居

四川省罗城镇大屋镇民居

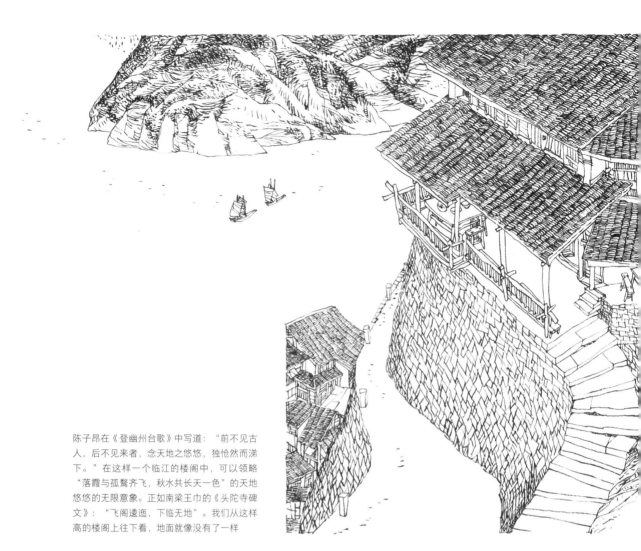

陈子昂在《登幽州台歌》中写道："前不见古人，后不见来者，念天地之悠悠，独怆然而涕下。"在这样一个临江的楼阁中，可以领略"落霞与孤鹜齐飞，秋水共长天一色"的天地悠悠的无限意象。正如南梁王巾的《头陀寺碑文》："飞阁逶迤，下临无地"。我们从这样高的楼阁上往下看，地面就像没有了一样

四川省雅安市乡下某宅隔窗门板上的木雕，全是使用的镶嵌手法，将人物用较细腻的木料雕出，然后嵌入门板上

重庆临江门民居

阆中古城马家巷民居，在这里
可以看出四川民居屋面出檐很
大的特点，其目的是为了遮挡
下部的土墙不被雨淋

藏族碉房

碉房是中国西南部的青藏高原以及内蒙古部分地区常见的居住建筑形式。从《后汉书》的记载来看，在西汉元鼎六年(公元111年)以前就有碉房存在。这是一种用乱石垒砌或土筑的房屋，高3~4层，因外观很像碉堡，故称为碉房，碉房的名称至少可以追溯到清代乾隆年间。

关于碉房，许多地方志上都有记载，这种住宅形式，主要分布在农业区和城镇。《安多政教史》中载，青海果洛三部之一的昂欠本筑起一个四层的城堡，顶层为石屋，俗称"黑头堡子"。这与史籍中记载的附国所居之"巢"近似。附国为古代羌人的一支，分布在四川西部、西藏东部一带，公元7世纪初被吐蕃兼并。该部"无城栅，近川谷，傍山险，俗好复仇，故垒石为巢，以避其患。其巢高至十余丈，下至五六丈，每级以木隔之。基方三四步，巢上方二三步，状似浮图。于下级开小门，从内上通，夜必关闭，以防贼盗"。

藏族人的住房，多为土石结构，平顶狭窗。贵族和寺庙僧人、领主的庄园，楼墙高耸，外形上小下大，森严若监狱。一般平民居住的一层建筑称为陋室，结构简单，土石围墙，架木(或树枝)在墙上，然后覆以泥土。房顶用一种当地风化了的"垩嘎"土打实抹平。内室居人，外院围圈牲口。两层的住宅一般称为平房，墙基用石砌，上面的墙体用土坯垒，上层住人，下层做伙房、库室和圈牲口之用。碉房是过去贵族、领主、大商人居住的房子，一般三层以上，最高到五层。碉房一般用块石做墙，木头做柱，柱子密集，约4平方米便有一柱，上用方木铺排作椽，楼层铺木板；二三层向阳处的窗户往往为落地玻璃，采光面广。人住其中，冬天不用生火取暖；楼顶有阳台，可供晒物品和散步、观光用。这种碉房，四周围墙，中间庭院，墙厚至66厘米，可以当碉堡打仗、防御用。窗户多朝庭院开放，院外用小窗窄门，有挡风御寒之利。这种房屋，

藏族碉房

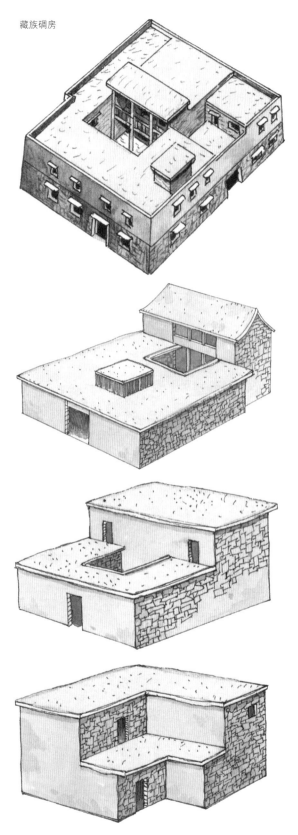

藏族碉房

二三层住人，底层当库房。柱头、房梁、装饰绘画，十分华美。中心最好的房屋，作为佛堂。

在藏族的许多农区，普通农民也住碉房，藏语称"夸日"，分两层或三层，平面呈长方形，底层设门，为畜圈，其内设有独木梯通上层，二层住人，三层设供养堂(佛堂)、堆放粮食。可见这种石碉房在形状、结构、建筑方法及地形选择"近山谷""傍山险"，与古代的附国之俗近似。清《西藏志》载："前后藏各处，房皆平顶，砌石为之，上覆以土石，名曰碉房，有三层至五六层者。"

青海果洛的碉房，大半在屋顶之上垒有许多卵石，并筑有可投掷这些卵石的洞眼，楼门上部左右两侧，也各有一个洞眼。据介绍，这些都沿袭了历史传统，为了防御盗贼的侵入。如遇盗贼侵入，便可飞掷"天石"或用矛戳刺。每层房屋的屋顶较高，所留空间较大，是为了在敌人进犯时，便于施展拳脚抵御。每个房间，都有可以启闭的箭眼或枪矛眼。楼梯是用整根圆木，砍平一面便于平稳，另一面凿出踏槽而成的独木梯，这种梯子可以随便挪动，亦可随时提拉到上一层楼屋，以防不善之来者。碉房的窗孔很小，光线较暗，生人刚进去

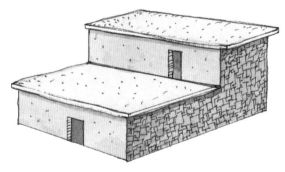

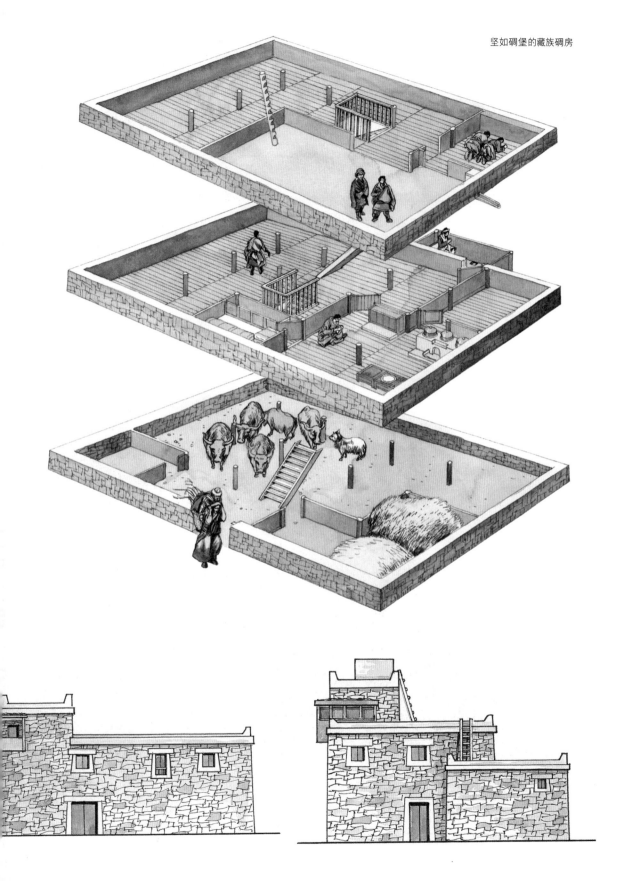

坚如碉堡的藏族碉房

时，如果没有房主的指点，便会难辨方向，无处驻足(邢海宁《果洛藏族社会》)。

藏族都是采用蹲式的厕所，设计比较特殊的是四川马尔康地区的民居，往往将厕所悬挑在楼层室外。由于民居高达三四层，故上、下层蹲位彼此错开，粪便直落地面，粪坑都在室外，与室内隔绝，由于当地气候干燥寒冽，所以没有刺鼻的气味。在川西甘孜等地，凸出于屋外的厕所还用墙包围，就像是突出的碉堡，在厕所的小窗口，可以瞭望、射击。

拉萨、泽当地区的居民都在民居四个拐角的上部各设置一组祭祀用的小旗，每组小旗有五面，在每一根旗杆上上下排列，从上至下的颜色分别为蓝、白、红、绿、黄，各自代表天、云、日、树、土。这虽然是每年藏历新年时都要更换的一种装饰，但由于小旗一放就是一年，到第二年再接着换，事实上已成为民居装饰的一部分。在微风的吹拂下，十分醒目。

藏族碉房

在西藏民居的小巷子中穿行，可以领略到高原的神秘。那深蓝色的天空，那一朵朵伸手可摘的白云，衬托着藏居的坚实感。藏居的墙体下厚上薄，外形下大上小，这样更增加了建筑造型上的稳定感

藏族碉房分层示意图

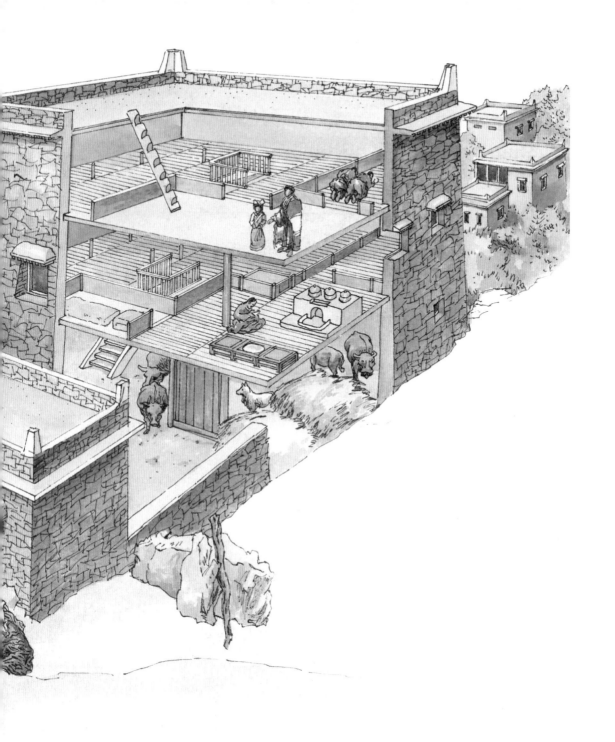

丹巴县的藏族民居

左上 ｜ 藏族民居多以石块作为墙体的建筑材料，里面排列柱子，铺楼板以后，上层再设柱子，最后是密肋形式的房顶，由于青藏高原雨水少，所以房顶不用担心漏雨的问题。小小的窗子是防御恶劣气候的最好设计。昏暗的室内，更增加了佛堂的神秘

右上 ｜ 藏族碉房群

左下 ｜ 藏族民居

左上 | 在拉萨大昭寺外的一圈，有一条商业街，由于在四个转角处，街道又处理成一个45°的抹角，这样就变成了由八条街来围合大昭寺，因而这条商业街被叫作八角街。八角街上藏族的商店建筑不同于乡村的民居，门窗都很大，便于做生意、交往，蕴藏着拉萨人直率好客的真情实意和价值观念

左下 | 西藏地处高原，风光迥异于世界上其他地区。西藏民居也是极富地方特色，图为泽当雍布拉康某村庄

右下 | 西藏那曲民居，外形是方形略带曲尺形。中间设有小天井。内部精细隽永，外部风格雄健。(图中下图)四川马尔康藏居。底层为牲畜及储藏草料的地方。楼上为起居、卧室、厨房和储藏室。顶层有晒台、经堂、晒廊及厕所，经堂位于最好的位置。最富有创造性的是厕所，它挑出墙外，伸出的搁栅承托着，细树枝编成四周围的围墙，粪便直接掉进墙外的粪坑

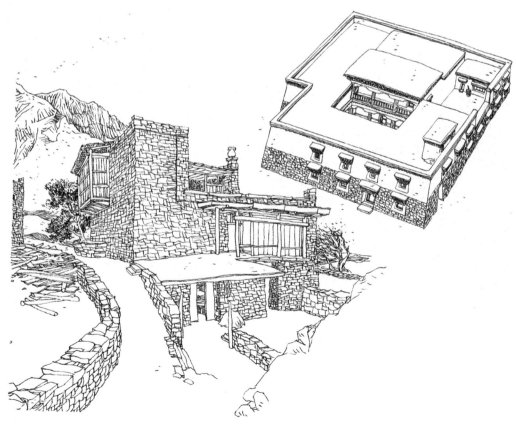

西藏农村，民居仍然是以村落的方式出现，而且人们很珍惜可耕地，往往是将村落建在不适宜耕地的土地上

西藏泽当地区泽当镇结沙社区的尼玛，是一位藏医，她家的布置比较典雅具有一定文化气息。这里的一组照片从各个角度反映了她家的情况

大门	起居室，中央的柱子在当地人的信仰中是非常重要的	
从大门看住宅及庭院	从起居室前面的阳台看庭院	西藏扎囊额敏珠林寺附近的农妇，身后为民居石墙
会客室	厨房	

从空中可以看出，西藏民居的造型方整，民居外部很少开
窗，由石墙密封，而院子内部则开大窗，相对开敞

西藏扎囊桑耶寺附近的民居，由楼房围合成四合院

西藏拉萨八角街民居

这是一家之中最神圣的空间——佛堂，藏族不像汉族在家中设祖宗牌位进行祭祀，藏族在家中供奉的是佛像

窗子

维吾尔族民居

从乌鲁木齐东进，穿过一望无际的戈壁沙漠，方能到达吐鲁番——那充满活力的绿洲。吐鲁番盆地全年基本无雨，但每年的春季则要"下土"几天。那时，遮天蔽日，到处都是漫漫黄土。维吾尔族的土坯平顶住宅也淹没在这黄色苍茫之中，这里除生活富裕的人家用砖修建住宅之外，一般人家就地取材，用土坯修造房屋。以土坯外墙和木架、密肋相结合的结构，依地形组合为院落式住宅。在布局上，院子周围以平房和楼房相穿插。维吾尔族建筑空间开敞，形体错落，灵活多变。用土坯花墙、拱门等划分空间。左图是吐鲁番葡萄沟某宅。

吐鲁番盛产葡萄，连街道上也有葡萄长廊。这里日温差和年温差均大，夏季白天气温高达47℃，而夜间却很凉；白天穿背心裤裙，夜里就得盖棉被。因此用生土建造的墙体特别厚，而且都有地下室。假如你到小巷中观光，步行在民居之中，你会感到意味无穷，忽而一个跨度很大的土拱，上面是院落，供居民乘凉，下面是道路，仿佛是现代的立交桥；忽而街道变窄，人从隧道般的、带有土拱的长长的小巷中走过。维吾尔族民居前室和后室相结合，附以厨房、马厩等。由于大陆性气候非常明显，气温变化大，一般不开侧窗，只开前窗，或自天窗采光。吐鲁番盆地每年四五月都要刮二十多天十级以上的大风，所以民居保持一定的密度，庭院也并不大。

维吾尔族民居风格灵活，开窗不拘成法，

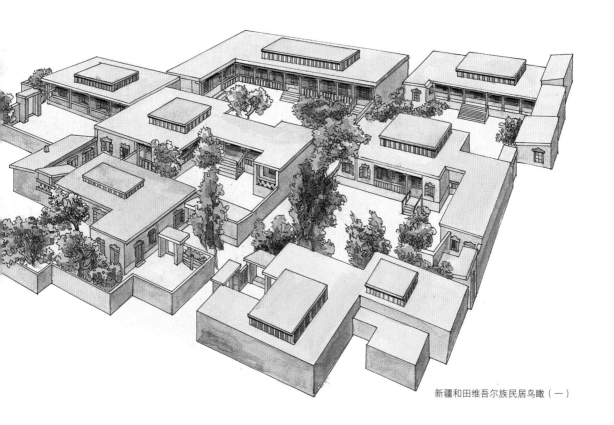

新疆和田维吾尔族民居鸟瞰（一）

大小随需要而定，窗棂花格多样，房屋外形变化丰富，很有特点。

喀什城里的用地有限，所以民居一般为楼房。有趣的是维吾尔族民居的厕所一般都在屋顶。初来这里，别人会告诉你："找不到厕所就到屋顶。"因为气候特别干燥，粪便一会就

干，只需用铁铲一铲即可清除。而且喀什、和田的民居不讲朝向，室内壁龛多，石膏花或三合板做成的浮雕装饰很多，华丽富贵。

从喀什沿着塔克拉玛干大沙漠边缘南下，经莎车到和田，这一路给人印象最深的是土多。只要出趟门就变成了"土人"。这里四季

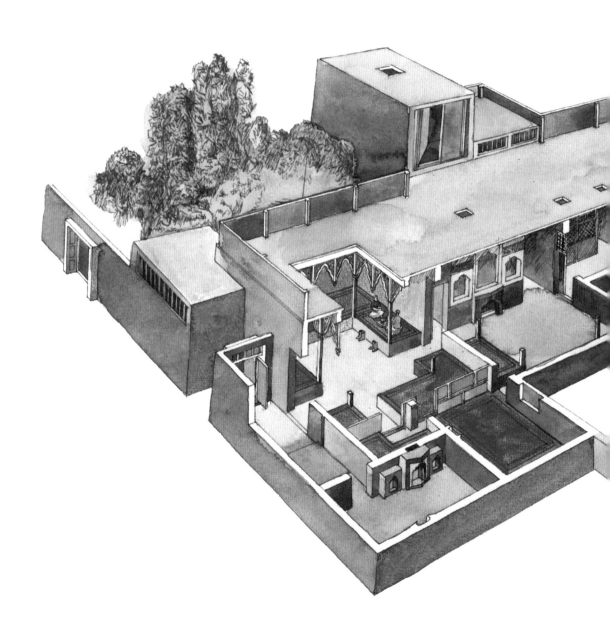

干燥，所以很适合生土建筑。由于生土房子经不起较大降雨，所以富有人家仍用砖砌住宅。拱廊、墙面、壁龛、火炉与密肋、天花等处，雕饰精致，和田某宅楼梯的砌砖图案多用绿色来装饰，但普通人家室内装饰还是比较简单的。和田民居的院落顶上都封闭起来，院落的顶部高于四周的屋顶，这样在院落顶的四周设置天窗，以供院落采光。这种院落顶的形式，当地人称为"阿以旺"。维吾尔族还习惯在墙上挂美丽的壁毯以作装饰。

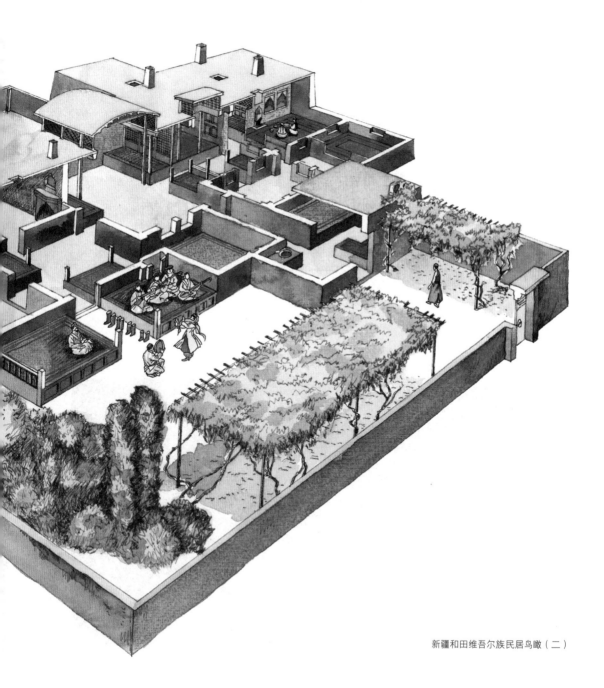

新疆和田维吾尔族民居鸟瞰（二）

新疆和田维吾尔族民居立面

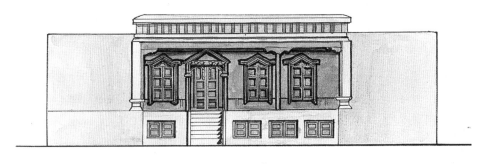

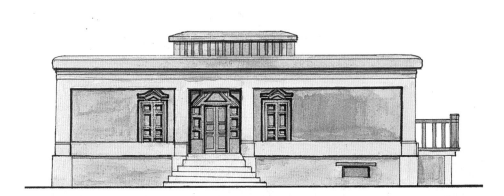

以土坯为墙体材料砌筑的吐鲁番民居

吐鲁番葡萄沟的乡村住宅

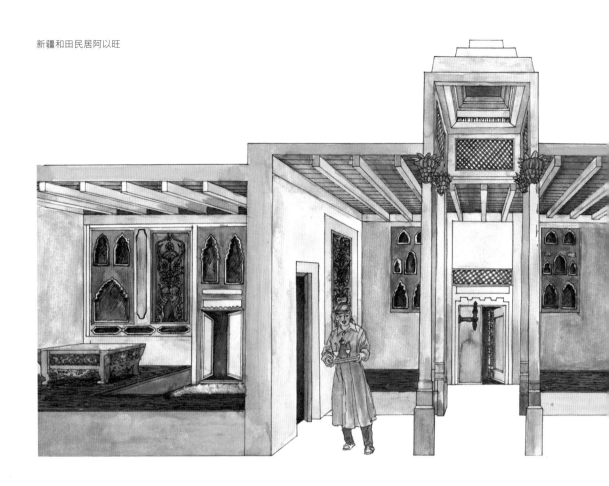

喀什的城市用地非常紧张，因而喀什城里民居的
建筑密度很大

喀什传统民居的室内空间

伊宁某宅院内走廊装饰

左上｜喀什某宅室内壁龛装饰
左下｜和田某宅楼梯的砌砖图案

右上｜喀什某宅院内

中｜新疆和田民居阿克赛乃（二）
右下｜这是库车某宅。从中可以看出维吾尔族民居的灵活风格，开窗不拘成法，大小随需要而定，窗棂花格多样，房屋外形变化丰富，很有特点

左上 ｜ 维吾尔族民居建筑空间开敞，形体错落，灵活多变。常用土坯花墙、拱门等划分空间

左下 ｜ 在吐鲁番的小巷中观光，步行在民居之中，能感到意味无穷，忽而一个跨度很大的拱券，上面是院落，供居民乘凉，下面是道路，仿佛是现代的立交桥；忽而街道变窄，人从隧道般的带有土拱的长长的小巷中走过

右下 ｜ 喀什市区是一个人多地少的地方，所以民居都向空中发展，过街楼很多。建筑墙体材料都是土坯。图中的住宅，因坍塌了一部分，所以可以看到剖面

大理白族民居

大理是一个美丽的地方，苍山上常年可见积雪，洱海的水碧蓝晶莹。大理与丽江同样都是云南省历史上文化比较发达的地区。南诏、大理国时期，白族许多上层人士主动学习汉文化，通行汉文，所以文人宅第和城镇住宅都建汉式的合院型民居住宅。在此基础上，工匠将汉式住宅与当地传统特征相结合，在木构技术、砖石泥瓦技术以及雕塑彩画、装修等方面创造出了大理本地的建筑风格。

大理居民以农耕生活为主，城镇居民多从事手工业。在村镇中采用较多的单体建筑是三开间、两层楼的形式，这是大理民居的基本单位，当地人称之为"坊"。由坊再任意组合成三合院或四合院。

坊的模式几乎是定型的。坊的底层三间为：中间的明间是堂屋，作为起居待客、供奉祖先神灵的地方。堂屋的前面是六扇可以拆卸的格子门，棂格及板芯雕刻精细，与汉族不同的是饰以彩画。两边的次间，一个是卧室，另一个是厨房。三开间的前面是檐廊。有的只有中间的一间退后，前面设廊。檐廊是遮雨避风、从事家务劳动及生活休息的好地方。

楼上一般都是三间敞通的，有的隔出一间作为卧室，另外两间用于储存粮食和堆放杂物。二楼的前面一般都是一排条窗。上楼的楼梯一般都设在楼下堂屋的后部，前面用板壁遮挡。板壁的前面设一个案几，板壁上贴有福、寿等题材的字画及向往年丰畜旺、平安吉利、延年益寿的对联。供奉祖先的牌位则在二楼，利用楼梯上部的空间，做成一个神龛。

最具大理地方特点的是合院式民居，而最典型的构成形式是三坊一照壁和四合五天井。

三坊一照壁的民居布局最多。坊就是指前面提到的那种三开间的两层楼。三个坊围合成一个三合院，另外一面设一个照壁，于是便构成了三坊一照壁。一般来说，都是照壁对着正房。由于照壁一侧没有交通，所以适合种植花木，这样庭院环境更加优美。

和正房等宽的照壁是非常高大的，这种照壁都是两端低、中段高的三段式，当地人称之为"三叠水"照壁。其中段的高度与两层楼的屋檐齐平，这种高度的照壁在汉族地区是没有的。照壁前砌花台。照壁又都是石灰抹芯的形式，阳光反射到室内，增加了房间的亮度。

四合五天井的院落规模更大。四座坊围合后，利用四个坊的后墙作为院墙的一部分，再将四个拐角处用院墙围合，围合后就形成四个小的院落，这样就组成一个平面为方形的，有四座房屋、四个拐角院落和一个中心院落的大院子。在其中的一个小院开院门，院门正对的那幢房屋的山墙上做一个镶嵌式的照壁，构成装饰。

当地人俗称大理民居为"上七下八"，也就是上层高七尺，下层高八尺。再加上民居下层的檐廊屋顶一直延伸到二层的窗子下边，所以自然感觉到建筑的上层矮、下层高，有一种稳定感。

在檐廊的转角处，檐廊的屋顶并不是简单地以两个45°角或屋顶一上一下错开的形式简单相接，而是在檐廊顶上设置一个走马转角台作为装饰。走马转角台以八边形居多，嵌在两幢房屋的拐角处。走马转角台上、下共分三

段，中间一段最宽，常做框形装饰，框芯做小彩画，或嵌入彩盘。走马转角台的上部也设屋顶，只是尺度小，像是一个小亭子，很有趣。

外墙是白族民居的装饰重点之一。大理白族民居的外墙都用白灰抹成白色和灰色相间的清雅颜色。在屋檐以下的部位分成一个个的方格，或用砖石叠砌成凸起的边框，中间画上人物故事及山水花鸟等图案。山墙都设一个檐，这样上部是一个三角形的墙面，腰檐下部仍是方形的墙面。腰檐下面的装饰处理与屋檐下的部分相同。

屋山的顶尖部都采用半圆形、马鞍形等封火墙的形式。山尖下部的山墙正中画卷草、莲花、盘龙及动物等图案，山墙的其余部位一般都画上灰底白线的六角形蜂巢状几何纹样作为装饰。

大理白族民居廊子天花

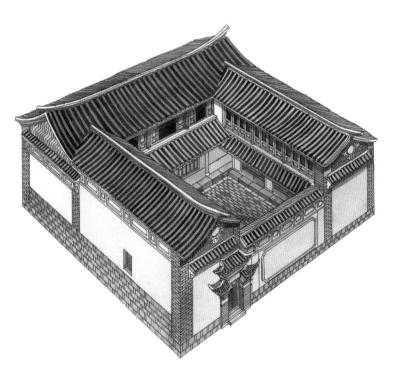

云南大理三坊一照壁（白族）

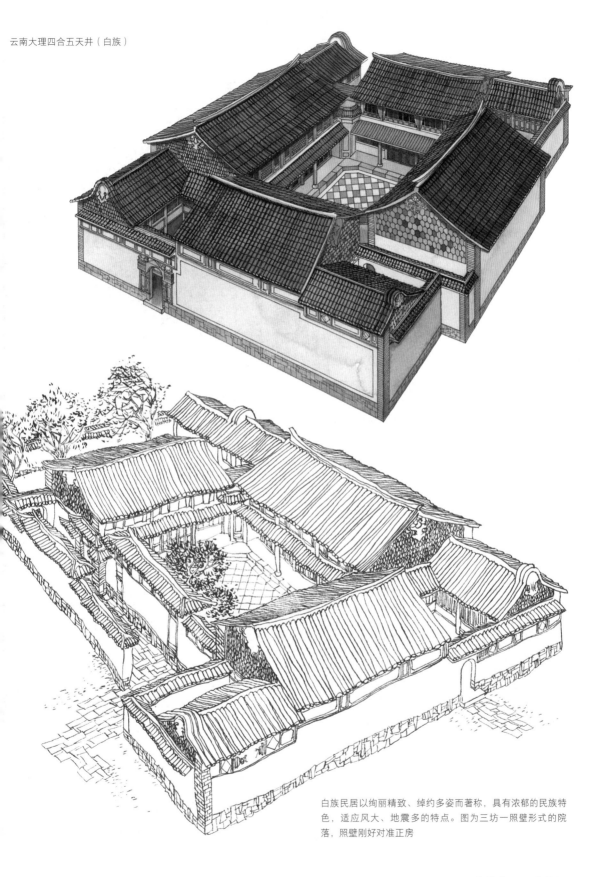

云南大理四合五天井（白族）

白族民居以绚丽精致、绰约多姿而著称，具有浓郁的民族特色，适应风大、地震多的特点。图为三坊一照壁形式的院落，照壁刚好对准正房

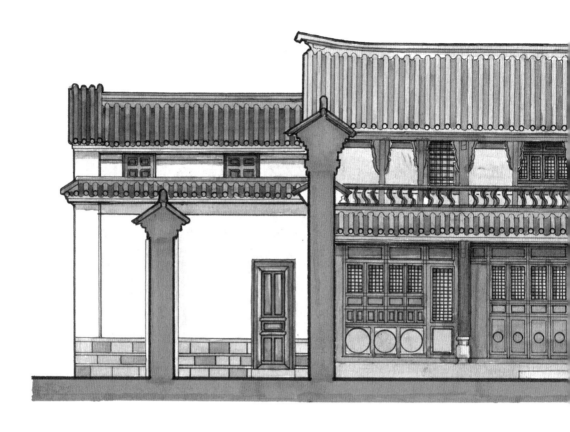

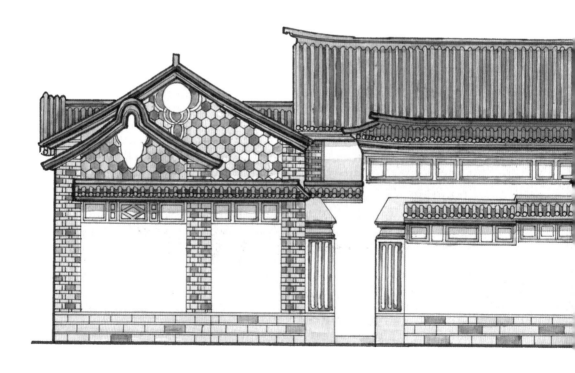

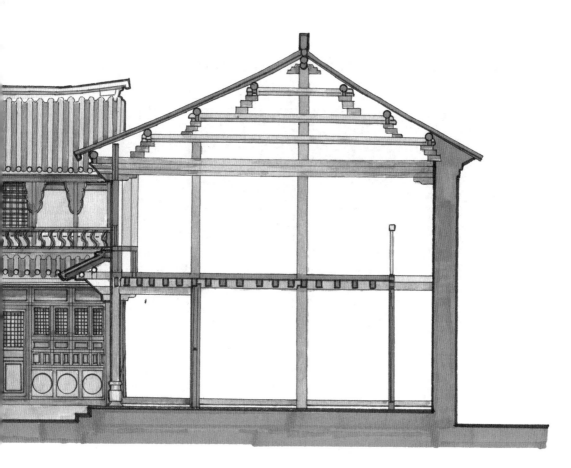

白族民居剖面

白族民居立面

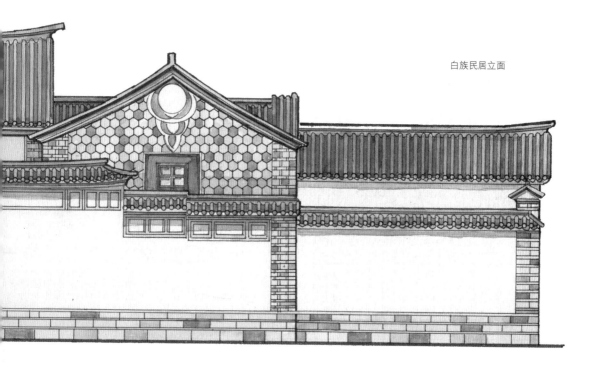

白族民居窗户立面

大理白族民居走廊顶端墙面

大理白族民居隔扇门

从这幅照片中可以看出，两个院落，前面一个院落是四合五天井，后面一个院落是三坊一照壁。前面一个院落晾晒衣服处的装饰，是腰檐上部的走马转角台；后面一个院落，可以看到照壁的一部分。另外白族民居都用筒瓦，在屋山的上部有时还做成半圆形的装饰

牌楼式大门在白族民居中最常见

"三里不通俗，十里改规矩。"从大环境来说，一个地区与另一个地区的民居常常迥然不同，但变化往往是渐变。一个区域与毗邻的另一个区域的差别是微妙的。但当气候、地理条件或民族不同的毗邻地区时，民居的变化是突然的，形式也就完全不同了。图为白族民居小巷

白族民居院落

腰檐之上的走马转角台

三叠水照壁

从大理白族民居的大门可以看出，这是一幅绮丽浓郁，饰面华艳的图画。大面积的白墙，以及有规律的四边形和六边形的出现，使画面统一丰富，丽而不俗

大理石的柱础

白族居民很重视村落的选址，图为周村，背后是苍山

白族民居的大门有许多种形式，这种没有门楼
的大门是比较罕见的一种形式

从高处俯视白族民居。从这个巷道走进去，最
后是一个三坊一照壁院，从图中可以看到照壁

大理街道

所有的艺术作品概无例外地需要一致，而建筑更加迫切地要求人们对其感受具有一致性。图中的白族民居，色彩上主要是白墙壁、青砖瓦，统一在同一形式里。立面的构成要素主要是长方形。大大小小的长方形元素横竖相结合，是使构图令人满意的秘诀

中国民居的艺术特征

疏密得当，虚实相生

外实内虚，气韵生动

朴实淡雅，内外通透

装饰明艳，丽而不俗

诗情画意，音乐旋律

民居的艺术价值主要在于"意"，而不在于"形"，其结构虽然简单，但意蕴却十分丰富。民居以艺术的真情实感叩击人们的心扉，抒发自己的情怀，表达出复杂、细致、深厚、具体的思想感情。这种气氛和意境诱导人们产生某种感受，委婉地流露出中国古典哲学思想和民族精神。

传统民居舒展有味，平易近人。有的精巧细致，但不芜杂烦琐；有的高大雄伟，但不装腔作势；有的结构合理，但不失艺术风格；有的装饰悦目，但不滥加点缀。本来并不相关的要素，在民居中透过构图法则的组合，而产生出韵律。

湖南省凤凰古城沱江沿岸民居

民居取材于自然，立足于自然。民居与自然的相互渗入以及民间适量尺度与人本身的密切联系，这两个因素构成民居的亲切感。在民居建筑的空间中，突出"人"这个主题，使人感到自然，有亲密感、安全感，活动时心情舒畅。

传统民居的空间形式还有利于人们的感情交流。许多传统民居借助于以院落为中心的交往空间，与邻里的关系密切。院落空间是邻里共享的多功能场所，频繁的人际接触，使人与人之间的关系密切和彼此相互合作。

现今保存完整的民居大多在偏僻的老村古镇之中，当人们来到皖南古镇或贵州石板寨时，那一幢幢有形貌、有神灵的民居就是浸透了感情的一幅幅生动的、有声有色的形象图画，自然会触动人们的想象、情感和审美感受。这说明了民居是一种文脉，是民族文化渊源延续的一个方面。许多官式建筑，如宫殿、府邸、寺观、陵寝的设计，都是直接从民居中吸取养分。

许多皖南民居完全保持明代民居的风格，给我们的感觉是肃穆、古朴；从层层跌落的马头墙中，我们感受到节奏的律动；在以横线为主的轮廓线中，我们感觉到恬静。

民居组成的环境气氛给我们的感受是感性的、直觉的，以及朦胧的。正如宋代诗人梅圣俞所说的："作者得于心，览者会以意，殆难指陈以言也。虽然，亦可略道其仿佛。"这可以说是审美活动中一种常见的规律性现象。正如我们读诗一样，我们体验到诗的美，但往往是"心中所有，口中所无"。要我们用语言来完整准确地描述民居的美，亦是同样困难的。

许多民居深藏在青山绿丛之中，宋代诗人陆游的《吾庐》中说："吾庐虽小亦佳哉，新作柴门斸绿苔。"蜿蜒起伏的山路，传来悦耳的莺声，在明丽秀美的山景中，展示出民居的清新韵致和盎然画意。

民居之美既是自然美，又是艺术美，更是自然与艺术美的完美结合。唐代诗人孟浩然的《过故人庄》中说"故人具鸡黍，邀我至田家。绿树村边合，青山郭外斜。开轩面场圃，把酒话桑麻。待到重阳日，还来就菊花。"这恬静秀美的乡村意境和淳朴浑厚的情谊所表现出来的浓郁隽永的诗意，不正体现在那遥远的小村、简陋的茅屋之中吗？

湘西一幢幢吊脚楼蕴藉含蓄，耸立在秋江寒水之中，沿河错落有致地排列，使意境愈益宏阔深远。民居和官式建筑相比，显然要简单得多，朴拙得多。民居使人备感兴趣的原因是民居受封建统治者规定的"法式""则例"的

限制较少，与那种板起面孔，冷淡死板的衙门式建筑相反，往往在不同的地点有其不同的形式，很有感染力。

美妙的建筑与美妙的环境融为一体是民居的一个特点。由于就地取材，所以建筑的色彩和周围的环境十分协调。官式建筑金碧辉煌，鲜艳夺目，如同国画中的"金碧山水"；民居则如同国画中的"水墨山水"，充满诗意，耐人寻味。在建筑材料的质感上，也和周围的环境融合统一。在西北黄土高原，建筑是黄色的；贵州山区，山岩崭露、怪石嶙峋、犬牙交错，建在山坡上的民居也是铺以石板墙、石片瓦。

民居的优良传统是长期以来工匠们不断创作、屋主依据功能参与设计以及不断创新的结晶。民居所构成的浓厚的文化气息以及丰富的传统神韵，对于现今的建筑设计，无论是具体手法还是指导思想，都产生一定的影响。

▎疏密得当，虚实相生

民居的结构虽然简单，意蕴却十分丰富。疏密得当在国画中是一个极其重要的原则，而中国民居的构式也十分讲究。当我们站在江南小镇的石拱桥上时，就能看到那鳞次栉比的屋顶和白色简洁的墙壁所构成的疏密关系，"密处不能通风，稀处可以跑马"，这就是对比之美。密不当，易于板结；疏不当，易于松弛。民居的屋面常用上下错落的排列方式，避免平铺直叙。屋面的节奏发展使得墙面产生跌宕起伏的韵律感，忽而急促，忽而舒展，极尽变化

广东省佛山市东华里民居

之能事。由此可以领悟出建筑与绘画的内在联系。民居的疏密处理方式成为建筑美学中独特的一章。

虚实相生是中国传统艺术中一个极重要的美学原则。清初笪重光在《画筌》中说："虚实相生，无画处皆成妙境。"汤贻汾在《画筌析览》中说："人但知有画处是画，不知无画处皆画，画之空处，全局所关，即虚实相生法。"民居在虚实结合上有很多经验。大面积的实墙如同国画中的空白，门窗点缀其中为实处。章法颇似南宋马远的"一角"山水画那样的空灵。

虚实法所构成的民居意境奇幻多姿，错落有致，时而语浅意深，明白如画，时而杳冥惝恍，深不可测。加上虚实节奏的不断变化起伏，民居古朴自然、幽谧恬静的特征令人回味无穷。

左上 ｜ 福建省北部山区的一组民居，我们可以看到变化丰富的封火山墙，
凌空耸起的木质吊脚楼，简易朴素的小棚，各具特征的宅邸和错落有致的屋
顶。在雄鸡的鸣唱中，小镇迎来了新的一天

左下 ｜ 中国民居的艺术成就主要表现在创造了异常丰富的环境序列，我们在
连续的观察体验中感受到了空间的诗情画意。在图中的闽北民居中我们领略
了空间艺术与时间艺术的共生，宛如一首首优美的小诗

下 ｜ 浙江省桐乡市乌镇民居

民居之美既是自然美，又是艺术美，更是自然美与艺术美的完美结合。当漫步于乡间小路，徘徊于古城老街时，我们心中产生了美的感觉和情绪。图为湘西凤凰古城一角。日暮人归之后，游人如织的喧闹街道冷清起来。踏在石板路上，那高大巍峨的城楼和那曲折延伸的路径，使我们仿佛置身于一幅完美的图画中

中国台湾省新竹市民居

中国台湾省新竹市民居墙面细部处理

上 ｜ 传统民居中最常见的是三合院。单层三合院有封闭和非封闭式两种形式以及由这两种形式组成的混合体。小型三合院形式紧凑，往往不封闭，做成敞口，便于家庭副业生产及大型农具的出入。图为江苏省常州市武进区某宅

右上 ｜ 三合院是规整对称的住宅的最基本形式之一。标准三合院住宅在平面上的布局虽然比较简单，但它的变体很多：以一个横三合院与一个纵三合院相配合，以两个方向相反的三合院结合为H形，前后两个三合院的面阔一大一小重叠如凸形，在三合院周围配以附属建筑物构成不对称平面。图为福建省闽清县的一组建筑群

右下 ｜ 在江南的一些自然村，假如距离河道不十分远时，往往人工挖掘河槽，将河水引入适宜地点，村落就围绕河槽尽端分布。尽管河槽尽端水流不畅，水质较差，但村民可以取得生活用水或农业灌溉用水。在南方，由于水土流失较少，故河道的水上交通直达村落，方便了村中的居民，也不必经常清挖河道

中国香港锦田民居外庭院

中国香港锦田民居外观

外实内虚，气韵生动

大面积的实墙在民居中屡见不鲜，除了安全防卫的实质功能外，还有一种内在精神的东西，即蕴藏在形式之中的意义，这便是静谧。实墙使宅内自成一个与外界隔绝的空间，形成一种外实内虚的神韵。厚实稳重的外墙，阻隔外面的紊乱嘈杂，使宅内保持安宁恬静。

南齐的谢赫在《古画品录》序中提出绘画"六法"，后来不仅成为中国的绘画思想，而且成为艺术思想的指导原则。其中最重要的一点就是气韵生动。气韵生动是中国美学追求的最高目标和最高境界。

中国传统民居中潜伏着气韵。中国建筑与古希腊建筑不同，西方建筑是有机的团块，而中国建筑则注重疏通，讲究神韵，看上去是无数流动的线条，从线条上体现气韵的丰富变化和内涵。

福建北部民居屋面保持宋代营造法式的特点：屋脊两端起翘，屋面四角抬起，屋面没有一条直线，加上两侧拉弓式的曲线防火山墙，我们可以欣赏到线条的丰姿神采，领略到韵律的抑扬顿挫。在春光秾丽的田野中，我们仔细地品味轻盈飘忽、形神俱备的建筑体块，不难体会出其中的气韵。

福建省闽清县民居外观

上 | 福建省永安市某宅为一个大型民居，在这类形式的住
宅中，常佐以花园、祖堂及藏书楼，造成曲折变化的空间序
列。宅内包含大小形状各异的庭院。这种庭院在使用上有伸
缩性，节约宅基地。人们游览其中，完全可以感受到步移景
异的艺术效果

左上 | 不规则的民居序列常在外观上使人感到有一些惊诧迷
离，产生令人料想不到的感染力。这是因为不规则的序列充
满了动感，所以效果上自然就更有个性。尽管没有令人肃然
起敬的感觉，却十分自然并富有人情味。图中的这幢福建民
居就是不规则的序列空间布局，走进庭内，使人目不暇接

左下 | 中国建筑与西方建筑不同，西方建筑是有机的团块，
而中国建筑则注重疏通，讲究神韵，看上去是无数流动的线
条，从线条上来体现出气韵丰富变化的内涵。从图中的福建
民居中我们可以欣赏到韵律的抑扬顿挫，翩若飞燕，宛若游
龙。在春光秾丽的田野中，我们仔细地品味着轻盈飘忽、形
神俱备的建筑体块，不难体会出其中的气韵

上 │ 防火山墙，亦称为封火山墙、马头墙，主要见于南方。防火山墙的起因，与南方房屋密集，隔壁失火时不致立即被焚烧有关。修建防火山墙已形成一种格式，即使单独在一处建房也建防火山墙。由于造型的不同，防火山墙使民居产生诸如庄严华丽、简洁大方、轻松愉快等各种不同的感觉。在福建、广东的某些地区，人们还将封火山墙的造型按五行分为金、木、水、火、土五种，依照房主人的阴阳八字进行选择

右上 │ 江苏省苏州市某宅厅内的椅子及茶几。几面和背均嵌有大理石
右下 │ 江苏省扬州市某宅客厅，除木制家具外，还有瓷凳

浙江省桐乡市乌镇是大运河边的一个古镇，镇内渠道纵横，船比车多，河道比街道多，居家店铺也临河而立。图中的建筑一般是枕流而筑

朴实淡雅，内外通透

"隔"是民居空间设计中常用的手法。"隔"使客体物象与主体观者之间产生不易逾越的空间距离，不沾不滞，客体物象得以孤立绝缘，自成境界。

以建筑的栏杆、空花和窗棂为景框，距离化、间隔化令人产生美妙的感受。宋人陈与义的诗云："隔帘花叶有辉光"《陪粹翁举酒于君子亭下海棠方开》，帘子产生的"隔"所造成的等距离的线条节奏，增强了它的光辉闪灼，呈现出花叶的华美。内外通透的艺术效果是中国古代建筑艺术的处理手法之一。

有隔有通的效果，不仅可以通过竹帘形成，也可以通过门窗形成。隔扇门窗的空格也是很好的景框，将室外景色分隔成许多个美丽的画面。

许多民居的室内外空间彼此渗透，互相沟通。可拼装的隔扇门窗作为中介，将室外景色引入室内。组成窗格的窗棂很小，除方形外，

隔扇门窗将室外景色变得光辉闪灼

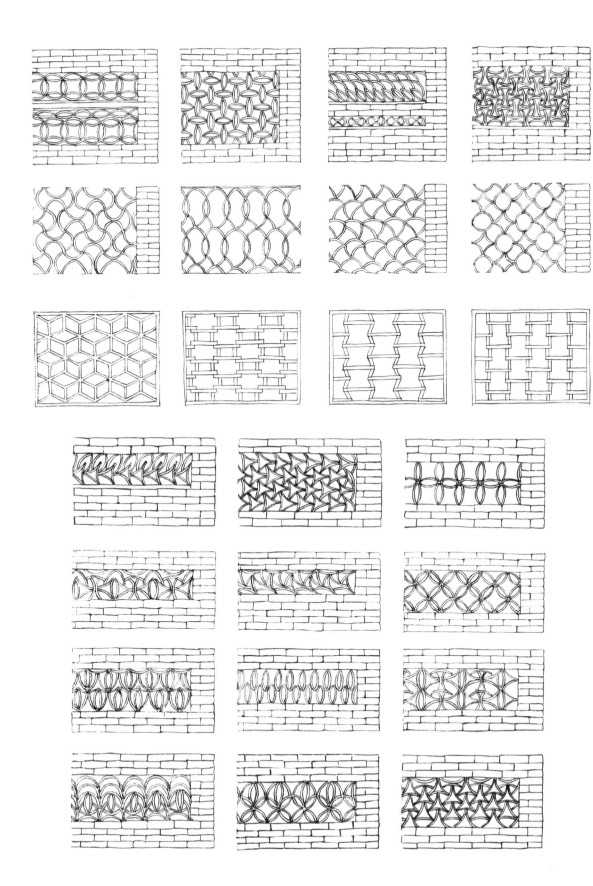

上｜室内设计的艺术风格丰富多彩，具体手法变化无穷，然而只有把多样性进行统一才能创造出完美的空间视觉形象。民居在这方面有许多独到之处。在这幅画中我们可以看出室内装修和家具陈设在风格上是多么和谐，简直看不出哪个物件过分突出，而给人的整体印象是那么强烈，这就是整体艺术效果的感染力

左上｜漏明墙在民居中一般为花瓦墙头或花砖墙头，砖用薄的望砖。从这里举的一些例子中可以看出将花墙运用在外院墙或院内隔墙上造成的通透效果，既可减轻自重，也能突破大面积墙面的单调感觉，还起到通风采光的作用。望砖和瓦片是简单的直线或弧线，而通过灵活巧妙的运用，竟能组成千变万化的纹样，确是传统建筑艺术的独到之处

左下｜从漏明墙的花格中，我们可以看到墙背后随风摇曳的绿树，使建筑的静与树木的动形成对比，的确起到了协调美观的效果。漏明墙作为建筑外观构图的辅助手段，是行之有效的。这里是漏明墙花纹举例

上｜广西壮族自治区三江侗族自治县马安寨晨景

左上｜化景物为情思，源于虚实结合的艺术效果。在中国民居的设计中，工匠们善于调动人们的情感。从图中可以看出，民居的窗棂格以实为虚，化实为虚，有无穷的意味，幽远的境界

左下｜湘、鄂、赣地区有一种民居类似于四川民居，使用有顶无墙的出檐，其悬山结构十分突出，山墙完全暴露出穿斗式木结构，木结构中间往往填充土墙、砖墙或编竹夹泥墙，外面涂以白灰，与深色的木架柱身配合得很默契，坦率简朴。图中湖南省西部吉首市的民居便是如此

还有其他富于变化的图案。从室内看，光线闪烁。小窗棂变成剪纸一样的黑白效果，望出去的效果可以增强视觉印象，使光与景多样化。窗格不仅使室内光线柔和，而且给人分隔感。

有隔有通，也就是实中有虚。"明"的古字为朙，一边是月，一边是囧(窗)。月亮照至窗牖丽楼阁明，这是富有诗意的创造。在民居的外部空间设计上，有的庭院很大，感觉空旷，往往用花墙、矮墙等做适当分隔，将一个大空间划分为数个大小不等的空间，造成变化和对比。有的则将一个狭长的院子分割为几段，避免一览无遗。与"隔"相对的是"通""透"。在民居中，"隔"与"通""透"是相辅相成的。民居中保持着多种镂空的建筑形式，朦胧曲折，费人揣摩，体现内外通透的特色。

朴实淡雅之美是中国民居的重要特点。民居室内大多不用天花，采用砌上露明造。楼房底层天花也多暴露栏栅板结构，仅适当地做一些线脚装饰，外墙往往是清水砖墙。木装修的外檐一般不涂颜料，仅在原木上刷上桐油以便防腐、防潮。外观朴而不陋，不拘成法，因地制宜。

图中所绘的是湘西民居。这里广泛使用有顶无墙的出檐。柱廊、过厅等半露天空间，遮蔽雨水与烈日，外观变化多端。木架柱身多外露，与柱间的白粉墙或木板墙配合得很默契，坦率简朴

福建省长汀县某镇街景

上｜江苏省苏州市吴江区铜罗镇沿河民居

右上｜绝大多数中国民居是用木结构做成房屋骨架，自成一个完整体系。墙体不必承重，因此民间有"墙倒屋不塌"的说法。由于墙体不承重，只起围护或分隔空间的作用，所以中国民居墙体的地基大都是采用浅基。而且，由于木构架承重，因此民居空间的开敞与封闭、门窗的大小和位置都可以灵活处理，给平面与空间的划分带来很大的自由

右下｜井干式民居是一种十分古老的建筑形式，井干式房屋的外墙和内墙都是用去皮圆木或方木层层垛起，木楞接触面做成深槽，利于叠紧稳固并防水。因为这种墙体的处理方法和传统的水井四周的栏杆处理相像，因而称为"井干式"。目前主要在东北、新疆和云南等林区有这种建筑。屋顶基本为悬山式。有的为了防风，在缝处抹泥以防风寒。屋顶有草顶、树皮顶，比较有代表性的是木片顶。井干式民居以大分散、小集中的形式组成村落，目的是为了防火。我们这里看到的是云南省永宁县纳西族村寨

福建省永安市西华池宅。这是一座罕见的大型
木楼，地处僻远的乡村，池宅规模极其宏伟，
有华丽的外檐装饰，大小形状各异的庭院，图
为层层叠落的屋顶，建筑空间异常丰富多彩

新疆维吾尔自治区和田市民居

装饰明艳，丽而不俗

　　除朴素的风格外，民居中也有装饰精美者，艺术效果却十分典雅。在大型民居中，有的华丽奢侈，取材宏大和雕刻精致的梁架，花色繁杂的栏杆装饰，砖雕像商代的青铜器那样"错彩镂金，雕缋满眼"。尽管如此，由于"法式""则例"所限，不允许民居漆涂彩绘，所以装饰雕刻均以素色出现。远看十分沉着，近看不失细节，耐人细细品嚼。许多民居的砖雕与木雕浑然一体，实墙与花檐交相辉映，虽瑰丽华荣，但不郁闷呆板，丽而不艳，媚中含庄，妙处正在于以迷离称隽。

　　丽而不俗是不容易的。有的民居处处装饰，从外墙、额枋到屋顶，甚至门窗，都有细部雕刻，但给人的感觉却是浑厚纯朴。刘熙载的《艺概》说："白贲占于贲之上爻，乃知品居极上之文，只是本色。""贲"的意思是装饰，是斑纹华彩，"白贲"则是绚丽斑斓而复归于朴实。建筑从没有装饰到装饰华丽，而又回到平淡素净中，经过

右上｜民居的室内铺地多用方砖，考究的住宅铺地砖不用普通的砌砖，而是用专门烧造的铺地砖。这种砖比普通砖只大不少，烧完以后，还要在桐油中浸泡，然后磨平，才拿来使用。而室外铺地则充分利用了材料多样、外观质感色泽各异的特点，经过精心配置，组织出对比明显的图案：光溜溜的石板铺地厚实而稳重，青条砖铺地既平又有舒适感，卵石碎砖铺地细如织锦，毛石铺地则具有浓厚的乡野趣味

右下｜水磨砖墙常用于廊檐内的山墙上，是清水墙的一种，俗称"磨砖对缝"。其砌法有干摆和丝缝两种，所用的砖都经过砍、磨，墙表面不留或只留极细的灰缝，内外两皮的中间填普通砖后灌灰浆，一般常用的是糯米白灰浆。水磨砖在某种程度上具有镶面砖的作用。水磨砖也用在照壁上和内院墙上。水磨贴砖平整光洁，故变化十分丰富，均为几何图案。无论有没有浆缝，都有一种含蓄婉约的细密感

下｜山西省祁县乔家大院内的华丽装饰

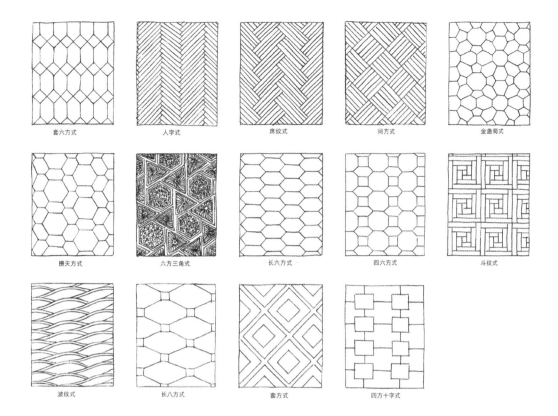

套六方式　　　人字式　　　席纹式　　　同方式　　　金盘菊式

攒天方式　　　六方三角式　　　长六方式　　　四六方式　　　斗纹式

波纹式　　　长八方式　　　套方式　　　四方十字式

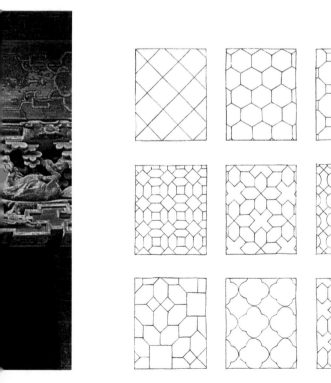

上｜民居的院落住宅大多数是沿中轴线纵向发展、层层相套的建筑群。在院落内从任何角度观看，都可能得到连续而完整的构图。有的地方人们会匆匆走过，有的地方人们会放慢脚步玩味欣赏一番，有的地方会使人留步，用心体验一番。这种持续不变的行为模式是建筑序列给人的强烈暗示。我们现在看到的是一个大户人家院落中的一道门，这个空间由于两侧有旁门，人们走到这里时必然要左右回顾一下然后往前走。迎面门上匾额的点缀，使人心境为之嬗变，增加了建筑的典雅意味

下｜这是福建省闽清县某大型民居的入口广场，建筑物很有特色，两边的封火墙使立面分为三段，尤其是一圈出檐，使建筑物之间有与邻为善的感觉。茶余饭后，人们可在廊下乘凉。那围栏是高度适宜的凳子，有人面向里面聊天说笑，有人面向外面抽烟凝思，乡土风味十分浓厚

右上｜安徽省黟县南屏村民居的木雕窗栏
右下｜安徽省绩溪县镇头乡某宅门额砖雕

江西省景德镇某宅隔扇门窗棂格

　　一个发展过程，达到最高境界的美，本色的美，也就是"白贲"。"白贲"的境界就是我们要追求的较高的一种艺术境界。

　　山西省祁县乔家大院就是一幅绮丽浓郁、饰面华艳的图画。建筑除大量装饰外，还运用硬山、卷棚、坡屋、平顶和船侧反倾等多种屋面形式，都统一在空灵蕴藉的气氛中，使之丰富酣畅，丽而不俗。

安徽省黟县宏村承志堂门厅

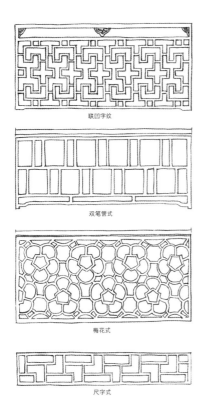

联凹字纹

双笔管式

梅花式

尺字式

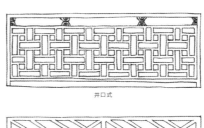

井口式

短栏式

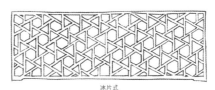

冰片式

镜光式

民居中的栏杆多为木栏杆。从汉代画像石上出现的栏杆式样来看,我国很早就喜欢用横栏杆。横栏杆看上去非常轻快,结构也十分合理。木栏杆有坐凳栏杆、靠背栏杆,其中最值得一提的是花栏杆。花栏杆千变万化,式样甚多,冰片式简单不俗,笔管式大方别致,拐字纹富丽可喜,灯笼框珠圈相连。其中最常用的是拐字纹和井口式栏杆,各地民居都能见到。雕花木栏杆一般使用坚韧木料,可使花纹的镂雕更为细致,这类栏杆的构图和装饰复杂华丽。一般栏杆木面不加髹漆,露出木纹本色。栏杆是民居的一个装饰重点。图中可以看出栏杆多为程式化的几何纹或植物纹样,做工精细,图案匀称流畅,生意盎然,民间风味十足

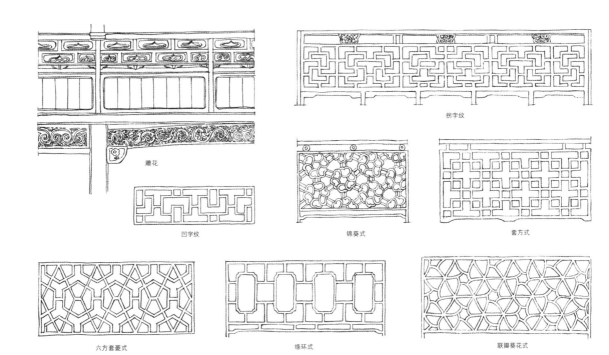

雕花

凹字纹

拐字纹

锦葵式

套方式

六方套菱式

绦环式

联瓣葵花式

安徽省歙县棠樾村村口

诗情画意，音乐旋律

　　当我们由远而近，走进太湖边上一个小村庄时，那山沟里潺潺流过的泉水声，把我们引进视觉形象与听觉形象并举的富有音乐感的意境中，这就是民居的魅力。

　　民居中体块的节奏变化，饰面的强弱对比，都潜伏着音乐感。既有平缓的韵律，又有高潮的跌宕起伏。我们在民居的序列安排（如空间的组合、庭院的排列、结构的穿插、门窗的配置）中感受到音乐般的起伏、韵律、主题和余音萦绕。民居无疑是凝固的音乐。

人们常将诗当作美的同义语，而民居正如一首首诗歌，既有诗情，又有画意。诗以语言为媒介，在时间上先后承续，沿直线发展；而民居则是用体块为媒介，在空间上相互穿插，占据一个平面，追求由空间的直观向时间的连续渗透。因此，诗是时间的艺术，时间上的建筑；而民居是空间的艺术，空间上的诗。

中国民居的艺术成就主要表现在创造异常丰富的环境序列，我们在流动的观察体验中感受到空间的诗情画意。从民居中，我们领略空间艺术向时间艺术的转化，宛如一首首优美的小诗。

浙江省永嘉县岩头镇芙蓉村南门路亭

山西省平遥古
城中心的市楼

图为山西省平遥古城中心的市楼，在低矮的房屋中，它丰富了城镇的立体轮廓线。建筑物不仅是一个立面，而且是外部结构与内部结构的有机综合体。这个综合体的每一个要素都要参与到整个艺术体验之中去。当我们站在远处看到这个市楼时，那立面丰满而富于节奏的轮廓线就像一幅画。站在近处看它时，建筑的雄伟气魄就逐渐变得显著起来，三层楼檐舒展遒劲，把结构的力量充分显示出来。走到楼的前面时，仰首上望，层层斗拱精雕细刻。当通过市楼时，感到优雅而恬静、雄伟而壮观，产生一种慑人的力量。这一切都是依照市楼建造者的安排纳入秩序的。这个复杂的和变化着的感受是建筑美属性中不可缺少的一部分

意境是艺术作品透过外在形式而显露出的灵魂。中国人往往把作品水平的高低用意境的深浅来衡量。苏轼在《超然台记》中说："凡物皆有可观，苟有可观；皆有可乐，非必怪奇伟丽者也。"高深的艺术意境并不一定需要怪奇伟丽的外在形式。意境不仅是理想和感情同客观的景色事物相统一而产生的境界，而且也是言外意、弦外音、境外味，在感情和陶冶中，提高思想情操的诱导物。《画继》中，邓椿感叹道："世徒知人之有神，而不知物之有神。"唐岱则谓之"凡物无气不生"。以神和气来衡量艺术作品，而不限于形似，是中国传统的美学思想。图为河北省的一个小村庄，民居虽然简陋，但却意境渺渺

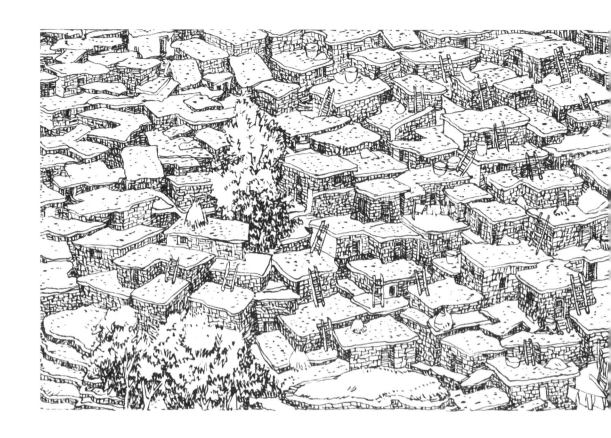

当你看到这密密麻麻的"蜂房建筑"时，一定会为之惊叹——民居不是以单体而是以群体组合取胜。这是云南彝族民居土掌房。中国民居是以土木结构为主的，所以村落的组成历史与防火有关。北方民居一家一个院落，都相隔一定距离。南方民居密度虽大，但都加以封火山墙等形式。彝族民居之所以能排列如此稠密，与它特殊的结构有关，它的平顶也是依靠木结构承重，但上面覆以厚厚的泥土，所以不易发生火灾。因此，它们才可能依山坡而一个挨一个排列着。在这里我们感受到美，一种量的美，一种通过量的组合而给人以强烈印象的美

我们看到的中国传统民居有些已经相当破旧，但艺术却十分完美。历史就像江河一样静静流过，依附于当时技术经济和文化历史条件而产生的民居，自钢筋水泥及西方技术引入后开始衰落，并正在从我们这块古老的土地上逐渐消逝。"劝君莫奏前朝曲，听唱新翻杨柳枝。"一切艺术作品都要打破陈套，切记重复、雷同，我们回顾民居，不应去仿其形，而要去追其意，这端庄、优美、素雅、高洁的意蕴将会在我国现代建筑中凝练、积淀

参考 文献 Reference

[1]刘敦桢.中国住宅概说[M].天津：百花文艺出版社，2004.

[2]张仲一，曹见宾，傅高杰，等.徽州明代住宅[M].北京：建筑工程出版社，1957.

[3]姚承祖.营造法原[M].2版.北京：中国建筑工业出版社，1986.

[4]刘敦桢.中国古代建筑史[M].北京：中国建筑工业出版社，2018.

[5]汪立信，鲍树民.徽州明清民居雕刻[M].北京：文物出版社，1986.

[6]杨耀.明式家具研究[M].北京：中国建筑工业出版社，2002.

[7]刘致平.中国建筑类型及结构[M].3版.北京：中国建筑工业出版社，2000.

[8]中国建筑技术发展中心建筑历史研究所.浙江民居[M].北京：中国建筑工业出版社，2018.

[9]张驭寰.吉林民居[M].北京：中国建筑工业出版社，2018.

[10]云南省设计院《云南民居》编写组.云南民居[M].北京：中国建筑工业出版社，2018.

[11]刘致平.中国居住建筑简史——城市、住宅、园林[M].北京：中国建筑工业出版社，2000.

[12]洪铁城.东阳明清住宅[M].上海：同济大学出版社，2000.

[13]高鉁明，王乃香，陈瑜.福建民居[M].北京：中国建筑工业出版社，2018.

[14]王绍周，陈志敏.里弄建筑[M].上海：上海科学技术文献出版社，1987.

[15]陆元鼎，魏彦钧.广东民居[M].北京：中国建筑工业出版社，2018.

[16]徐民苏，詹永伟，梁支厦，等.苏州民居[M].北京：中国建筑工业出版社，2018.

[17]新疆土木建筑学会，严大椿.新疆民居[M].北京：中国建筑工业出版社，2018.

[18]何重义.湘西民居[M].北京：中国建筑工业出版社，1995.

[19]《陕西民居》编写组，张壁田，刘振亚.陕西民居[M].北京：中国建筑工业出版社，1993.

[20]侯继尧，任致远，周培南，等.窑洞民居[M].北京：中国建筑工业出版社，2018.

[21]叶启燊.四川藏族住宅[M].成都：四川民族出版社，1992.

[22]中国科学院自然科学史研究所.中国古代建筑技术史[M].北京：中国建筑工业出版社，2016.

[23]李长杰.桂北民间建筑[M].2版.北京：中国建筑工业出版社，2016.

[24]邓云乡.北京四合院[M].北京：中华书局，2015.

[25]朱良文.丽江纳西族民居[M].昆明：云南科学技术出版社，1988.

[26]林嘉书.土楼与中国传统文化[M].上海：上海人民出版社，1995.

[27]四川省建设委员会、四川省勘察设计协会、四川省土木建筑学会.四川民居[M].成都：四川人民出版社，
  2004.

[28]陆元鼎.中国客家民居与文化[M].广州：华南理工大学出版社，2001.

[29]胡大新.永定客家土楼研究[M].北京：中央文献出版社，2006.

[30]陆翔，王其明.北京四合院[M].2版.北京：中国建筑工业出版社，2017.

[31]王其明.北京四合院[M].北京：中国建筑工业出版社，2019.

[32]马炳坚.北京四合院建筑[M].天津：天津大学出版社，1999.

[33]白鹤群.老北京的居住[M].北京：北京燕山出版社，2007.

[34]李秋香.中国村居[M].天津：百花文艺出版社，2002.

[35]陆元鼎，陆琦.中国民居装饰装修艺术[M].上海：上海科学技术出版社，1992.

[36]王其钧.中国民间住宅建筑[M].北京：机械工业出版社，2003.

[37]樊炎冰.中国徽派建筑[M].北京：中国建筑工业出版社，2012.

[38]王其钧.民间住宅建筑[M].北京：中国建筑工业出版社，1993.

[39]陈从周，潘洪萱，路秉杰，等.中国民居[M].上海：学林出版社，1993.

[40]汪之力.中国传统民居建筑[M].济南：山东科学技术出版社，1994.

[41]胡建国.大理民族建筑艺术[M].昆明：云南民族出版社，1993.

[42]阮仪三.中国江南水乡[M].上海：同济大学出版社，1995.

[43]王其钧.中国民居[M].上海：上海人民美术出版社，1991.

[44]杨大禹.云南少数民族住屋：形式与文化研究[M].天津：天津大学出版社，1997.

[45]天津大学建筑系.中国生土建筑[M].天津：天津科学技术出版社，1985.

[46]王明居，王木林.徽派建筑艺术[M].合肥：安徽科技出版社，2000.

[47]魏挹澧.湘西城镇与风土建筑[M].天津：天津大学出版社，1995.

[48]闫瑛.传统民居艺术[M].济南：山东科学技术出版社，2000.

[49]黄汉民.客家土楼民居[M].福州：福建教育出版社，1995.

[50]季富政.巴蜀城镇与民居[M].成都：西南交通大学出版社，2000.

[51]侯继尧，王军.中国窑洞[M].郑州：河南科学技术出版社，1999.

[52]单德启.中国传统民居图说：徽州篇[M].北京：清华大学出版社，1998.

[53]陈从周.中国厅堂（江南篇）[M].上海：上海画报出版社，1998.

[54]宋艳刚.关中大宅院[M].西安：陕西人民美术出版社，1997.

[55]陈伟.穴居文化[M].上海：文汇出版社，1990.

[56]潘安.客家民系与客家聚居建筑[M].北京：中国建筑工业出版社，1998.

[57]蒋高宸.丽江：美丽的纳西家园[M].北京：中国建筑工业出版社，1997.

[58]黄为隽.闽粤民宅[M].天津：天津科学技术出版社，1992.

[59]黄汉民.福建传统民居[M].厦门：鹭江出版社，1994.

[60]中国建筑工业出版社.民间住宅建筑：圆楼窑洞四合院[M].北京：中国建筑工业出版社，2010.

中国民居是中国古代建筑中数量多、分布广的一种建筑形式。本书从民居的历史发展谈起，用深入浅出的语言，配以大量实景照片、钢笔画、彩画，生动地介绍了中国具有代表性的民居的建筑模式、建筑结构特点、建筑材料的选用，以及背后的文化与历史。全书包括中国民居的发展历程、中国民居的建筑形式、中国民居的艺术特征三章内容，有很强的理论性、艺术性和欣赏性。本书对于研究中国建筑文化、继承古老文化传统有重要意义，可供建筑专业相关人员及中国建筑文化爱好者阅读使用。

北京市版权局著作权登记　图字：01-2022-3919

图书在版编目（CIP）数据

家的记忆：了不起的中国民居　/（加）王其钧著．一
北京：机械工业出版社，2023.7（2024.6 重印）
（建筑的语言）
ISBN 978-7-111-73318-8

Ⅰ．①家…　Ⅱ．①王…　Ⅲ．①民居—建筑艺术—中国　Ⅳ．①TU241.5
中国国家版本馆 CIP 数据核字（2023）第 104427 号

机械工业出版社（北京市百万庄大街 22 号　邮政编码 100037）
策划编辑：赵　荣　　　　　责任编辑：赵　荣　时　颂
责任校对：王荣庆　张　薇　责任印制：张　博
装帧设计：鞠　杨

北京利丰雅高长城印刷有限公司印刷
2024 年 6 月第 1 版第 3 次印刷
185mm×250mm · 24.75 印张 · 2 插页 · 326 千字
标准书号：ISBN 978-7-111-73318-8
定价：199.00 元

电话服务　　　　　　　　网络服务
客服电话：010-88361066　　机　工　官　网：www.cmpbook.com
　　　　　010-88379833　　机　工　官　博：weibo.com/cmp1952
　　　　　010-68326294　　金　书　网：www.golden-book.com
封底无防伪标均为盗版　　机工教育服务网：www.cmpedu.com